中国科学院统计年鉴

STATISTICAL YEARBOOK OF CHINESE ACADEMY OF SCIENCES

2019

中国科学院发展规划局　编

Bureau of Development and Planning
Chinese Academy of Sciences

科学出版社

北　京

Science Press, Beijing

中国科学院统计年鉴

STATISTICAL YEARBOOK OF
CHINESE ACADEMY OF SCIENCES

2019

中国科学院发展规划局 编

科学出版社 出版

北京东黄城根北街 16 号

邮政编码: 100717

http://www.sciencep.com

中国科学院印刷厂 印刷

科学出版社出版发行

*

2019 年 11 月第 一 版　开本：787×1092 1/16

2019 年 11 月第一次印刷　印张：20 1/2

字数：460 000

ISBN 978-7-03-062651-6

定价：260.00 元

（如有印装质量问题，我社负责调换）

《中国科学院统计年鉴》（2019）
编委会和编辑人员

一、编委会

主　　编：张　涛　汪克强

编辑委员（以姓氏笔画为序）：

王　颖	石　兵	吕　远	刘细文
严　庆	李　寅	周德进	郑晓年
索继栓	唐裕华	黄晨光	崔胜先

二、编辑部工作人员

总 编 辑：谢鹏云

副总编辑：黄晨光

责任编辑：崔胜先

编辑人员（以姓氏笔画为序）：

王庆迪	王丽萍	王玲俐	王桢楠
付　芸	庄　岩	李　陛	李晓宁
何　峻	苗海霞	侯宏飞	党顺行
徐建辉	蒋文奇	缪　航	

英文翻译和审校：崔胜先

Members of the Editorial Committee and Editorial Office of the *Statistical Yearbook of Chinese Academy of Sciences 2019*

编 者 说 明

一、《中国科学院统计年鉴》(2019)是一部全面反映中国科学院科技工作和各项事业发展的资料性年刊。本年鉴收录了全院及院属各单位2018年的统计数据以及历年全院主要统计数据。

二、本年鉴内容分为13个部分,即:学部,机构,人员,经费,基本建设,科技活动,人才培养与引进,高等教育,专利、科技论文、获奖成果,院、所投资企业开发经营活动,科技成果转移转化项目,国际合作、港澳台地区交流,文献情报、图书出版。主要统计指标解释附于各部分之后。

三、本年鉴资料来源于综合、业务及其他管理部门年度统计报表。

四、本年鉴部分数据合计数由于单位取舍不同产生的计算误差均未做机械调整。

五、本年鉴各部分中的“按学科分”汇总数据,均指按机构所属学科分,个别情况已另加“注”说明。

六、本年鉴由中国科学院发展规划局会同院机关有关部门及相关单位共同完成。在编辑出版过程中,编辑部得到了各方面的支持和帮助,在此一并致谢。

EDITOR'S NOTES

1. The *Statistical Yearbook of Chinese Academy of Sciences 2019*, is an informational almanac which gives an overall description of every major aspect related to CAS's scientific and technological (S&T) activities and its development. It contains statistical data of institutions and organizations of CAS in 2018 as well as its important statistical information in the past years.

2. The Yearbook consists of the following 13 parts: academic divisions; organizations; personnel; funds; capital construction; S&T activities; talent training and recruitment; higher education; patents, S&T papers and award-winning achievements; business activities of CAS and its institution invested enterprises; transfer and transformation of sci-tech achievements; international cooperation, and exchanges with Hong Kong, Macao and Taiwan regions; documentation, information and other publications. Explanatory notes on key indicators are attached at the end of each part.

3. Data contained in the Yearbook are selected from the annual statistical reports of various professional and management departments of the Headquarters of CAS.

4. Details may not add to the total in some statistical tables due to rounding. No manual adjustment is made.

5. The definition "By field" in some statistical tables refers to the classification of research fields which the institutes mainly deal with; some special cases have attached notes.

6. The Yearbook is completed by the Bureau of Development and Planning of CAS in cooperation with the relevant departments of CAS Headquarters and concerned institutions. The editorial committee extends its gratitude to all those who have rendered their valuable support and assistance during the preparation of this Yearbook.

目　录
CONTENTS

一、学　部

ACADEMIC DIVISIONS

1-1 历届当选的中国科学院院士（学部委员）人数按学部分布

CAS Members, by Academic Divisions and Election Year

单位：人 （person）

年份 Year	合计 Total	数学物理学部 Division of Mathematics and Physics	化学部 Division of Chemistry	生命科学和医学学部 Division of Life Sciences and Medicine	地学部 Division of Earth Sciences	信息技术科学部 Division of Information Technical Sciences	技术科学部 Division of Technological Sciences
总计 Total	**1369**	**244**	**224**	**288**	**241**	**39**	**333**
1955	172	30	22	60	24		36
1957	18	6	2	5	3		2
1980	283	51	51	53	64		64
1991	210	38	35	34	35		68
1993	59	10	10	11	10		18
1995	59	10	9	12	10		18
1997	58	9	10	12	10		17
1999	55	10	8	11	10		16
2001	56	10	10	12	9		15
2003	58	10	10	11	10		17
2005	51	8	9	12	7	6	9
2007	29	6	6	7	4	1	5
2009	35	6	8	5	5	4	7
2011	51	9	7	9	10	7	9
2013	53	9	9	9	10	7	9
2015	61	11	9	12	10	8	11
2017	61	11	9	13	10	6	12

注：1. 2004 年 6 月，生物学部更名为生命科学和医学学部，技术科学部划分为信息技术科学部、技术科学部。

Note: In June 2004, Division of Biological Sciences changed its name into Division of Life Sciences and Medicine, while Division of Technological Sciences was divided into Division of Information Technical Sciences and Division of Technological Sciences.

2. 2016 年 12 月，杨振宁、姚期智由中国科学院外籍院士转为中国科学院院士。2018 年 4 月，蒲慕明由中国科学院外籍院士转为中国科学院院士。

In December 2016,Yang Zhenning and Yao Qizhi were transferred from CAS Foreign Members to CAS Members.In April 2018,Pu Muming was transferred from CAS Foreign Members to CAS Members.

1-2　现有院士人数按学部分布（2018 年）

Present CAS Members, by Academic Divisions: 2018

单位：人　　(person)

	合计 Total	数学物理学部 Division of Mathematics and Physics	化学部 Division of Chemistry	生命科学和医学学部 Division of Life Sciences and Medicine	地学部 Division of Earth Sciences	信息技术科学部 Division of Information Technical Sciences	技术科学部 Division of Technological Sciences
总计 Total	**785**	**150**	**127**	**149**	**128**	**94**	**137**
其中：女性 Of which: Female	50	9	8	18	5	6	4
中国科学院 CAS	291	70	53	59	54	32	23
高等院校 Institutions of higher education	357	61	68	59	41	45	83
其他单位 Other institutions	137	19	6	31	33	17	31

注：另有 89 位中国科学院外籍院士。
Note: In addition, CAS has 89 foreign members.

1-3　中国科学院院士年龄情况（2018 年）

Age Distribution of CAS Members: 2018

单位：人　　(person)

	合计 Total	40～49 岁 Aged 40-49	50～59 岁 Aged 50-59	60～69 岁 Aged 60-69	70～79 岁 Aged 70-79	80～89 岁 Aged 80-89	90 岁以上 Over 90
总计 Total	**785**	**9**	**175**	**116**	**143**	**264**	**78**
数学物理学部 Division of Mathematics and Physics	150	4	29	13	30	58	16
化学部 Division of Chemistry	127		34	26	18	30	19
生命科学和医学学部 Division of Life Sciences and Medicine	149	4	35	27	27	39	17
地学部 Division of Earth Sciences	128		21	25	31	44	7
信息技术科学部 Division of Information Technical Sciences	94	1	26	6	16	40	5
技术科学部 Division of Technological Sciences	137		30	19	21	53	14

1-4 中国科学院学部咨询报告

Consultation Reports Submitted by CAS Academic Divisions

年份 Year	咨询报告和院士建议（篇） Consultation reports and suggestions （Article）	学术和科普报告会（场） Academic and popular science meetings （Time）
2000	29	16
2001	80	12
2002	21	27
2003	39	25
2004	49	93
2005	17	91
2006	34	115
2007	22	65
2008	40	49
2009	34	80
2010	22	78
2011	18	126
2012	33	148
2013	21	144
2014	26	210
2015	33	242
2016	28	244
2017	35	176
2018	39	252

注：学部咨询报告和院士建议是根据国家需求，由学部组织或院士个人对国家重大科学技术问题提出的咨询意见和建议。

Note: The consultation reports and suggestions submitted by CAS Academic Divisions or its individual members are, in accordance with the nation's demands, on the national major science and technology issues.

二、机 构

ORGANIZATIONS

2-1 院直属单位发展情况

Development of Units Directly under CAS

单位：个 （unit）

年份 Year	院属事业单位 Institutions directly under CAS	科研机构 Research units	院直接投资的控股企业 CAS invested holding enterprises
1949	25	22	
1952	36	31	
1957	97	67	
1962	117	99	
1966	135	106	
1975	80	63	
1980	156	117	
1985	157	122	
1990	159	123	
1994	159	123	5
1995	161	124	5
1996	158	123	8
1997	157	123	10
1998	155	121	10
1999	149	115	8
2000	145	112	8
2001	120	94	18
2002	112	85	23
2003	116	89	23
2004	116	89	21
2005	115	90	21
2006	116	91	22
2007	116	91	24
2008	113	92	24
2009	117	97	24
2010	117	97	22
2011	118	98	22
2012	124	104	22
2013	124	104	21
2014	124	104	22
2015	124	104	23
2016	124	104	24
2017	125	105	23
2018	125	105	23

2-2 院直属事业单位（2018 年）

Institutions Directly under CAS: 2018

序号 No.	单位名称 Unit	序号 No.	单位名称 Unit
	合计：125 个 Total: 125 units	13	地理科学与资源研究所 Inst. of Geographic Sciences and Natural Resources Research
	北京市：46 个 Beijing: 46 units	14	青藏高原研究所 Inst. of Tibetan Plateau Research
1	数学与系统科学研究院 Academy of Mathematics and Systems Science	15	地质与地球物理研究所 Inst. of Geology and Geophysics
2	物理研究所 Inst. of Physics	16	古脊椎动物与古人类研究所 Inst. of Vertebrate Paleontology and Paleoanthropology
3	声学研究所 Inst. of Acoustics	17	大气物理研究所 Inst. of Atmospheric Physics
4	理论物理研究所 Inst. of Theoretical Physics	18	遥感与数字地球研究所 Inst. of Remote Sensing and Digital Earth
5	理化技术研究所 Technical Inst. of Physics and Chemistry	19	植物研究所 Inst. of Botany
6	高能物理研究所 Inst. of High Energy Physics	20	动物研究所 Inst. of Zoology
7	国家天文台 National Astronomical Observatories	21	心理研究所 Inst. of Psychology
8	力学研究所 Inst. of Mechanics	22	微生物研究所 Inst. of Microbiology
9	化学研究所 Inst. of Chemistry	23	生物物理研究所 Inst. of Biophysics
10	生态环境研究中心 Research Center for Eco-Environmental Sciences	24	遗传与发育生物学研究所 Inst. of Genetics and Developmental Biology
11	国家纳米科学中心 National Center for Nanoscience and Technology	25	北京基因组研究所 Beijing Inst. of Genomics
12	过程工程研究所 Inst. of Process Engineering	26	计算技术研究所 Inst. of Computing Technology

续表 2-2

序号 No.	单位名称 Unit	序号 No.	单位名称 Unit
27	计算机网络信息中心 Computer Network Information Center	44	中国科学院大学 University of CAS
28	软件研究所 Inst. of Software	45	文献情报中心 National Science Library
29	信息工程研究所 Inst. of Information Engineering	46	中国科学报社 China Science Daily
30	半导体研究所 Inst. of Semiconductors		天津市：1 个 Tianjin: 1 unit
31	微电子研究所 Inst. of Microelectronics	47	天津工业生物技术研究所 Tianjin Inst. of Industrial Biotechnology
32	电子学研究所 Inst. of Electronics		山西省：1 个 Shanxi Province: 1 unit
33	光电研究院 Academy of Opto-Electronics	48	山西煤炭化学研究所 Shanxi Inst. of Coal Chemistry
34	电工研究所 Inst. of Electrical Engineering		辽宁省：5 个 Liaoning Province: 5 units
35	工程热物理研究所 Inst. of Engineering Thermophysics	49	大连化学物理研究所 Dalian Inst. of Chemical Physics
36	国家空间科学中心 National Space Science Center	50	沈阳应用生态研究所 Shenyang Inst. of Applied Ecology
37	空间应用工程与技术中心 Technology and Engineering Center for Space Utilization	51	沈阳自动化研究所 Shenyang Inst. of Automation
38	自动化研究所 Inst. of Automation	52	金属研究所 Inst. of Metal Research
39	自然科学史研究所 Inst. of History of Natural Sciences	53	沈阳分院 Shenyang Branch
40	科技战略咨询研究院 Inst. of Science and Development		吉林省：4 个 Jilin Province: 4 units
41	北京综合研究中心 Beijing Advanced Sciences and Innovation Centre	54	长春应用化学研究所 Changchun Inst. of Applied Chemistry
42	中国科学院机关 CAS Head Office	55	东北地理与农业生态研究所 Northeast Inst. of Geography and Agroecology
43	行政管理局 Bureau of Administration and Logistics	56	长春光学精密机械与物理研究所 Changchun Inst. of Optics，Fine Mechanics and Physics

续表 2-2

序号 No.	单位名称 Unit
57	长春分院 Changchun Branch
	上海市：12 个 Shanghai: 12 units
58	上海应用物理研究所 Shanghai Inst. of Applied Physics
59	上海天文台 Shanghai Observatory
60	上海硅酸盐研究所 Shanghai Inst. of Ceramics
61	上海有机化学研究所 Shanghai Inst. of Organic Chemistry
62	上海生命科学研究院 Shanghai Institutes for Biological Sciences
63	上海微系统与信息技术研究所 Shanghai Inst. of Microsystem and Information Technology
64	上海光学精密机械研究所 Shanghai Inst. of Optics and Fine Mechanics
65	上海技术物理研究所 Shanghai Inst. of Technical Physics
66	上海药物研究所 Shanghai Inst. of Materia Medica
67	上海高等研究院 Shanghai Advanced Research Institute
68	上海微小卫星创新研究院 Innovation Academy for Microsatellites
69	上海分院 Shanghai Branch
	浙江省：1 个 Zhejiang Province: 1 unit
70	宁波材料技术与工程研究所 Ningbo Inst. of Material Technology and Engineering
	江苏省：7 个 Jiangsu Province: 7 units
71	紫金山天文台 Purple Mountain Observatory
72	南京地理与湖泊研究所 Nanjing Inst. of Geography and Limnology
73	南京地质古生物研究所 Nanjing Inst. of Geology and Palaeontology
74	南京土壤研究所 Nanjing Inst. of Soil Science
75	苏州纳米技术与纳米仿生研究所 Suzhou Inst. of Nano-Tech and Nano-Bionics
76	苏州生物医学工程技术研究所 Suzhou Inst. of Biomedical Engineering and Technology
77	南京分院 Nanjing Branch
	安徽省：2 个 Anhui Province: 2 units
78	合肥物质科学研究院 Hefei Institutes of Physical Sciences
79	中国科学技术大学 University of Science and Technology of China
	福建省：2 个 Fujian Province: 2 units
80	福建物质结构研究所 Fujian Inst. of Research on the Structure of Matter
81	城市环境研究所 Inst. of Urban Environment
	江西省：1 个 Jiangxi Province: 1 unit
82	庐山疗养院 Lushan Sanatorium

续表 2-2

序号 No.	单位名称 Unit	序号 No.	单位名称 Unit
	山东省：4 个 Shandong Province: 4 units	95	广州地球化学研究所 Guangzhou Inst. of Geochemistry
83	海洋研究所 Inst. of Oceanology	96	南海海洋研究所 South China Sea Inst. of Oceanology
84	青岛疗养院 Qingdao Sanatorium	97	华南植物园 South China Botanical Garden
85	青岛生物能源与过程研究所 Qingdao Inst. of Bioenergy and Bioprocess Technology	98	广州能源研究所 Guangzhou Inst. of Energy Conversion
86	烟台海岸带研究所 Yantai Inst. of Coastal Zone Research	99	广州生物医药与健康研究院 Guangzhou Institutes of Biomedicine and Health
	湖北省：7 个 Hubei Province: 7 units	100	深圳先进技术研究院 Shenzhen Institutes of Advanced Technology
87	武汉物理与数学研究所 Wuhan Inst. of Physics and Mathematics	101	广州分院 Guangzhou Branch
88	武汉岩土力学研究所 Wuhan Inst. of Rock and Soil Mechanics		四川省：4 个 Sichuan Province: 4 units
89	测量与地球物理研究所 Inst. of Geodesy and Geophysics	102	成都山地灾害与环境研究所 Chengdu Inst. of Mountain Hazards and Environment
90	武汉植物园 Wuhan Botanical Garden	103	成都生物研究所 Chengdu Inst. of Biology
91	水生生物研究所 Inst. of Hydrobiology	104	光电技术研究所 Inst. of Optics and Electronics
92	武汉病毒研究所 Wuhan Inst. of Virology	105	成都分院 Chengdu Branch
93	武汉分院 Wuhan Branch		重庆市：1 个 Chongqing: 1 unit
	湖南省：1 个 Hunan Province:1 unit	106	重庆绿色智能技术研究院 Chongqing Inst. of Green and Intelligent Technology
94	亚热带农业生态研究所 Inst. of Subtropical Agriculture		贵州省：1 个 Guizhou Province: 1 unit
	广东省：7 个 Guangdong Province: 7 units	107	地球化学研究所 Inst. of Geochemistry

续表 2-2

序号 No.	单位名称 Unit	序号 No.	单位名称 Unit
	云南省：4 个 Yunnan Province: 4 units	117	兰州化学物理研究所 Lanzhou Inst. of Chemical Physics
108	昆明植物研究所 Kunming Inst. of Botany	118	寒区旱区环境与工程研究所 Cold and Arid Regions Environmental and Engineering Research Inst.
109	西双版纳热带植物园 Xishuangbanna Tropical Botanical Garden	119	兰州分院 Lanzhou Branch
110	昆明动物研究所 Kunming Inst. of Zoology		青海省：2 个 Qinghai Province: 2 units
111	昆明分院 Kunming Branch	120	青海盐湖研究所 Qinghai Inst. of Saline Lakes
	陕西省：4 个 Shaanxi Province: 4 units	121	西北高原生物研究所 Northwest Inst. of Plateau Biology
112	国家授时中心 National Time Service Center		新疆维吾尔自治区：3 个 Xinjiang Uygur Autonomous Region: 3 Units
113	西安光学精密机械研究所 Xi’an Inst. of Optics and Precision Mechanics	122	新疆理化技术研究所 Xinjiang Technical Inst. of Physics and Chemistry
114	地球环境研究所 Inst. of Earth Environment	123	新疆生态与地理研究所 Xinjiang Inst. of Ecology and Geography
115	西安分院 Xi’an Branch	124	新疆分院 Xinjiang Branch
	甘肃省：4 个 Gansu Province: 4 units		海南省：1 个 Hainan Province: 1 unit
116	近代物理研究所 Inst. of Modern Physics	125	深海科学与工程研究所 Inst. of Deep-sea Science and Engineering

注：Inst.—Institute, R&D—Research and Development.

2-3 院直接投资的控股企业（2018 年）
CAS Invested Holding Enterprises: 2018

序号 No.	单位名称 Unit
	合计：23 个 Total：23 units
	北京市：14 个 Beijing: 14 units
1	中国科学院控股有限公司 CAS Holdings Co., Ltd.
2	中科实业集团（控股）有限公司 China Sciences Holdings Co., Ltd.
3	东方科仪控股集团有限公司 OSIC Holdings Corporation
4	中国科技出版传媒集团有限公司 China Science Publishing & Media Ltd.
5	北京中科科仪股份有限公司 KYKY Technology Co., Ltd.
6	北京中科院软件中心有限公司 CAS Beijing Software Co., Ltd.
7	中科院建筑设计研究院有限公司 CAS Architectural Design Institute Co., Ltd.
8	北京中科资源有限公司 CAS Beijing Resources Co., Ltd.
9	中科院科技服务有限公司 CAS S&T Service Co., Ltd.
10	中科院创新孵化投资有限责任公司 CAS Innovation and Investment Co.,Ltd.
11	北京科诺伟业科技股份有限公司 Beijing Corona Science&Technology Co.,Ltd.
12	喀斯玛控股有限公司 CASMART Holdings Co., Ltd.
13	中科院新材料技术有限公司 CAS Advanced Material Technology Co., Ltd

续表 2-3

序号 No.	单位名称 Unit
14	国科离子医疗科技有限公司 CAS Ion Medical Technology Co., Ltd.
	辽宁省：2 个 Liaoning Province: 2 units
15	中国科学院沈阳计算技术研究所有限公司 CAS Shenyang Institute of Computing Technology Co., Ltd.
16	中国科学院沈阳科学仪器股份有限公司 CAS Shenyang Scientific Instrument Co., Ltd.
	江苏省：1 个 Jiangsu Province: 1 unit
17	中科院南京天文仪器有限公司 CAS Nanjing Astronomic Instrument Co., Ltd.
	上海市：1 个 Shanghai: 1 unit
18	国科羲裕（上海）投资管理有限公司 CASH Xiyu (Shanghai) Investment Management Co.,Ltd.
	四川省：2 个 Sichuan Province: 2 units
19	中国科学院成都有机化学有限公司 CAS Chengdu Organic Chemistry Co., Ltd.
20	中国科学院成都信息技术股份有限公司 Chengdu Information Technology of CAS Co., Ltd.
	广东省：3 个 Guangdong Province: 3 units
21	中国科学院广州化学有限公司 CAS Guangzhou Chemistry Co., Ltd.
22	中国科学院广州电子技术有限公司 CAS Guangzhou Electronics Technology Co., Ltd.
23	深圳中科院知识产权投资有限公司 CAS Shenzhen Intellectual Property Investment Co., Ltd.

主要统计指标解释

1. 院直属单位

院直属单位指经国家正式批准的院直属独立核算单位。独立核算单位的条件是：行政上是具有独立法人资格的单位；财务上独立核算盈亏，独立编制资金平衡表或财务预算、决算表；有权与其他单位签订合同。

2. 事业单位

事业单位指以社会公益为目的，利用国有资产从事科研、服务、教育等活动的院直属具有法人资格的组织。

3. 企业单位

企业单位指院直属从事商品生产、流通、经营和服务性经济活动，以营利为目的并在工商行政管理部门登记的独立核算单位。

Explanatory Notes on Key Indicators

1. Units directly under CAS

This refers to the independent accounting units directly under the jurisdiction of the CAS, which are established on the formal approval of the State. Independent accounting units should enjoy corporate status, assume sole responsibility for their profits or losses, compile independently their financial balance sheets or financial budgets and final accounts, have the right to sign contracts with other organizations and establish their own bank accounts.

2. Institutions

This refers to those units of corporate capacity under CAS, aiming at improving the social welfare, and utilizing the state-owned assets and resources to engage in activities such as scientific research, services, and education.

3. Enterprises

This refers to CAS independent accounting units, which are engaged in the commodity production, circulation and business activities as well as service activities with the aim of making profits and are registered in industrial and commercial administrative departments.

三、人　员

PERSONNEL

3-1 事业单位在职职工分类情况

Classification of CAS Regular Staff

单位：人 （person）

年份 Year	总计 Total	其中：女性 Of which: Female	干部 Cadres						工人 Workers
			合计 Total	专业技术人员 Professional and technical staff				行政管理人员 Adminis-trative staff	
				小计 Subtotal	高级 Senior	中级 Middle level	初级及未定 Junior and others		
1949	575		416	345	122	112	82	71	159
1950	1063		789	562	165	206	141	227	274
1951	1494		1105	811	220	290	228	294	389
1952	5239		3014	1967	351	405	754	1047	2225
1953	7262		4382	2776	391	470	1309	1606	2880
1954	7043		4745	3296	413	493	1560	1449	2298
1955	7978		5817	4152	488	536	1953	1665	2161
1956	14209		11336	8476	731	815	3735	2860	2873
1957	17294		13347	10566	753	931	4750	2781	3947
1958	34049		21558	14979	752	938	5770	6579	12491
1959	45769		32421	20022	680	847	7103	12399	13348
1960	57976		37505	23898	736	1137	9316	13607	20471
1961	40957		28586	19128	590	1219	9794	9458	12371
1962	42143		32285	23179	623	2113	13198	9106	9858
1963	46198		35355	25264	640	2354	14866	10091	10843
1964	52775		39969	28822	696	2719	16634	11147	12806
1965	60258		44341	30835	688	2874	18375	13506	15917
1966	61681		44900	31109	693	2973	18644	13791	16781
1973	35157		24911	16407	414	1768	11289	8504	10246
1974	36635		25944	17242	408	1764	11907	8702	10691
1975	48716		33134	20749	505	1874	14675	12385	15582
1976	51824		34736	19915	429	1903	15496	14821	17088
1977	54756		36811	20592	413	1894	17357	16219	17945
1978	79755		52045	38189	1261	10380	19253	13856	27710
1979	83488	28544	55076	43058	2238	21411	19409	12018	28412
1980	84497	28897	55813	44098	2737	22795	18566	11715	28684
1981	76644	26319	50026	40239	2724	22016	15499	9787	26618
1982	78109	26728	52092	42931	3076	25267	14588	9161	26017
1983	78439	26786	52610	44295	3283	26014	14998	8315	25829

续表 3-1

年份 Year	总计 Total	其中：女性 Of which: Female	干部 Cadres 合计 Total	专业技术人员 Professional and technical staff 小计 Subtotal	高级 Senior	中级 Middle level	初级及未定 Junior and others	行政管理人员 Administrative staff	工人 Workers
1984	80792			44850	3204		16120	9249	26693
1985	81501			46056	3491		17371	9145	26300
1986	82326	28484	57363	49865	8358	22716	18791	7498	24963
1987	82721	28624	59667	52628	10638	23138	18852	7039	23054
1988	83969	29248	62328	55910	12010	24413	19487	6418	21641
1989	84287	29157	63499	57550	13280	24328	19942	5949	20788
1990	84848	29031	64554	59028	14574	25043	19411	5526	20294
1991	84909	29088	65179	59800	14810	24621	20369	5379	19730
1992	83909	28638	64592	59387	15612	24714	19061	5205	19317
1993	81456	27645	62930	57878	16735	24468	16675	5052	18526
1994	78295	26462	60443	55565	17267	23649	14649	4878	17852
1995	75039	25314	58021	52992	17774	22446	12772	5029	17018
1996	71763	24224	55523	47789	16712	19842	11235	7734	16240
1997	68292	23073	52721	45124	16618	18397	10109	7597	15571
1998	65003	21980	49983	42693	16031	17169	9493	7290	15020
1999	61681	20612	47264	40175	15031	15992	9152	7089	14417
2000	58683	19472	44991	38319	14542	15135	8642	6672	13692
2001	54972	18027	42601	36343	14091	13991	8261	6258	12371
2002	45561	14859	35973	30596	13081	11429	6086	5377	9588
2003	43760	14250	34673	29387	12736	10771	5880	5286	9087
2004	43162	13918	34611	29474	13058	10852	5564	5137	8551
2005	43140	13770	34923	29932	13119	11180	5633	4991	8217
2006	43446	13812	35791	30677	13532	11601	5544	5114	7655
2007	43817	13907	36648	31479	13639	12298	5542	5169	7169
2008	50340	16381	43082	37623	14772	13903	8948	5459	7258
2009	54574	17771	47486	41992	16271	15514	10207	5494	7088
2010	57849	19057	50863	45427	17649	17108	10670	5436	6986
2011	60683	20209	53934	48425	19050	18650	10725	5509	6749
2012	64672	21783	58263	52550	21060	19905	11585	5713	6409
2013	67870	23034	61824	56093	22668	20882	12543	5731	6046
2014	68727	23707	63117	57294	24335	21557	11402	5823	5610

续表 3-1

年份 Year	总计 Total	其中：女性 Of which: Female	干部 Cadres							工人 Workers
			合计 Total	专业技术人员 Professional and technical staff					行政管理人员 Adminis-trative staff	
				小计 Subtotal	高级 Senior	中级 Middle level	初级及未定 Junior and others			
2015	69013	24183	63521	57602	25333	21693	10576		5919	5492
2016	70023	24853	64625	58697	26521	22289	9887		5928	5398
2017	71038	25556	65781	59736	28148	22123	9465		6045	5257
2018	69111	20335	65044	59108	29177	21816	8115		5936	4067

注：1. 1949～1978 年专业技术人员中，高级、中级、初级仅包括科研人员和高校教学人员，因此专业技术人员小计>高级+中级+初级。

Note: The data of senior, middle and junior level staff in the category of professional and technical staff from 1949 to 1978 only include research and technical people and teaching staff in the universities. Therefore, the total number of professional and technical staff is more than that of the senior, middle and junior level staff.

2. 女性职工 1949～1978 年无统计数据。1967～1972 年全院职工分类无统计数据。

The statistical data for female staff from 1949 to 1978 and that for the total CAS staff from 1967 to 1972 are not available.

3. 自 2002 年起，在职职工人数的统计范围仅指院属事业单位在编职工。

Since 2002, the number of regular staff only refers to all the regular staff of CAS institutions.

4. 自 2008 年起，事业单位在职职工人数的统计范围是指院属事业单位在编职工和项目聘用人员。

Since 2008, the number of regular staff includes both the regular staff of all CAS institutions and the staff by project contract.

3-2 事业单位在职职工及
CAS Regular Staff and

单位：人

系统及单位 System and unit	在职职工总计 Regular staff total	其中：女性 Of which: Female
总计 Total	**69111**	**20335**
一、按系统分 By system		
（一）科研机构 Research units		
数学、物理 Mathematics & physics	11814	3105
化学与化工 Chemistry & chemical engineering	8233	2651
地学 Earth sciences	8211	2436
生物学 Biological sciences	11307	4764
技术科学 Technological sciences	21155	4690
其他 Others	306	137
（二）学校及公共支撑机构 Universities and public supporting organizations		
技术支撑机构 Technical supporting organizations	434	35
学校 Universities	4511	1406
文献情报、新闻出版 Documentation,information & publication	767	408
服务与福利 Service & welfare	1261	353
（三）管理机构 Management organizations		
中国科学院本部 CAS Headquarters	511	168
地区管理部门 CAS Branches	601	182

离退休人员情况（2018 年）

Retired Personnel: 2018

（person）

合计 Total	干部 Cadres						工人 Workers	离、退休人员总数 Total retired personnel
	专业技术人员 Professional and technical staff					行政管理人员 Administrative staff		
	小计 Subtotal	高级 Senior	其中：正高级 Of which: Full professorship	中级 Middle level	初级及未定 Junior and others			
65044	**59108**	**29177**	**10350**	**21816**	**8115**	**5936**	**4067**	**46855**
11012	10075	5443	1819	3595	1037	937	802	9088
7865	7390	3889	1317	2498	1003	475	368	5769
7898	7190	3953	1594	2534	703	708	313	5287
10880	9959	4426	1775	3999	1534	921	427	6868
19855	18599	8456	2643	7190	2953	1256	1300	13233
306	272	162	63	101	9	34		117
432	407	179	26	176	52	25	2	57
4251	3608	2238	979	1262	108	643	260	2812
759	657	246	70	308	103	102	8	487
786	732	34		100	598	54	475	1099
506	80	75	32	5		426	5	682
494	139	76	32	48	15	355	107	1356

系统及单位 System and unit	在职职工 总计 Regular staff total	其中： 女性 Of which: Female
二、按单位分 By unit		
北京市 Beijing		
数学与系统科学研究院 Academy of Mathematics and Systems Science	313	95
物理研究所 Inst. of Physics	493	131
声学研究所 Inst. of Acoustics	852	251
理论物理研究所 Inst. of Theoretical Physics	62	13
理化技术研究所 Technical Inst. of Physics and Chemistry	509	161
高能物理研究所 Inst. of High Energy Physics	1440	465
北京综合研究中心 Beijing Advanced Sciences and Innovation Centre	51	24
国家天文台 National Astronomical Observatories	1374	300
力学研究所 Inst. of Mechanics	475	103
化学研究所 Inst. of Chemistry	613	246
生态环境研究中心 Research Center for Eco-Environmental Sciences	504	170
国家纳米科学中心 National Center for Nanoscience and Technology	269	132
过程工程研究所 Inst. of Process Engineering	662	259
地理科学与资源研究所 Inst. of Geographic Sciences and Natural Resources Research	644	203
遥感与数字地球研究所 Inst. of Remote Sensing and Digital Earth	713	205
地质与地球物理研究所 Inst. of Geology and Geophysics	670	181
青藏高原研究所 Inst. of Tibetan Plateau Research	250	69

续表 3-2

干部 Cadres							工人 Workers	离、退休人员总数 Total retired personnel
合计 Total	专业技术人员 Professional and technical staff					行政管理人员 Adminis-trative staff		
	小计 Subtotal	高级 Senior	其中：正高级 Of which: Full professorship	中级 Middle level	初级及未定 Junior and others			
306	251	198	118	52	1	55	7	304
467	422	375	151	41	6	45	26	524
838	794	388	133	310	96	44	14	608
61	53	45	26	7	1	8	1	39
490	444	243	87	195	6	46	19	426
1366	1258	797	211	423	38	108	74	1290
51	17	4	2	9	4	34		
1284	1189	601	203	390	198	95	90	622
435	404	244	72	122	38	31	40	513
596	576	376	112	151	49	20	17	520
495	468	230	110	214	24	27	9	317
269	254	146	62	98	10	15		4
652	604	402	80	177	25	48	10	323
629	576	410	160	158	8	53	15	565
702	652	357	119	275	20	50	11	223
644	559	365	154	168	26	85	26	636
250	225	111	45	68	46	25		3

系统及单位 System and unit	在职职工 总计 Regular staff total	其中： 女性 Of which: Female
古脊椎动物与古人类研究所 Inst. of Vertebrate Paleontology and Paleoanthropology	178	72
大气物理研究所 Inst. of Atmospheric Physics	525	159
植物研究所 Inst. of Botany	575	271
动物研究所 Inst. of Zoology	426	216
心理研究所 Inst. of Psychology	211	85
微生物研究所 Inst. of Microbiology	517	264
生物物理研究所 Inst. of Biophysics	551	307
遗传与发育生物学研究所 Inst. of Genetics and Developmental Biology	534	234
北京基因组研究所 Beijing Inst. of Genomics	191	92
计算技术研究所 Inst. of Computing Technology	693	226
软件研究所 Inst. of Software	623	222
半导体研究所 Inst. of Semiconductors	680	179
微电子研究所 Inst. of Microelectronics	945	282
电子学研究所 Inst. of Electronics	998	216
光电研究院 Academy of Opto-Electronics	355	71
自动化研究所 Inst. of Automation	898	126
电工研究所 Inst. of Electrical Engineering	440	151
工程热物理研究所 Inst. of Engineering Thermophysics	510	92

续表 3-2

干部 Cadres							工人 Workers	离、退休人员总数 Total retired personnel
合计 Total	专业技术人员 Professional and technical staff					行政管理人员 Adminis-trative staff		
	小计 Subtotal	高级 Senior	其中：正高级 Of which: Full professorship	中级 Middle level	初级及未定 Junior and others			
178	168	115	40	40	13	10		141
514	490	340	124	144	6	24	11	318
555	502	244	88	233	25	53	20	526
422	375	202	86	167	6	47	4	364
208	180	130	46	48	2	28	3	100
509	482	221	77	221	40	27	8	317
544	482	279	95	189	14	62	7	467
505	454	237	84	192	25	51	29	461
186	162	57	28	96	9	24	5	3
666	631	294	87	249	88	35	27	929
615	583	208	73	226	149	32	8	267
629	598	272	131	246	80	31	51	647
906	877	408	115	331	138	29	39	590
982	953	403	121	370	180	29	16	769
349	330	147	43	132	51	19	6	10
889	867	389	112	347	131	22	9	336
431	393	174	59	161	58	38	9	389
510	483	172	54	231	80	27		139

系统及单位 System and unit	在职职工总计 Regular staff total	其中：女性 Of which: Female
国家空间科学中心 National Space Science Center	734	234
空间应用工程与技术中心 Technology and Engineering Center for Space Utilization	331	64
自然科学史研究所 Inst. of History of Natural Sciences	94	40
科技政策与管理科学研究所 Inst. of Science Policy and Management	212	97
中国科学院大学 University of CAS	909	411
信息工程研究所 Inst. of Information Engineering	793	70
计算机网络信息中心 Computer Network Information Center	434	35
文献情报中心 National Science Library	644	384
中国科学报社 China Science Daily	123	24
行政管理局 Bureau of Administration and Logistics	1235	348
中国科学院本部 CAS Headquarters	511	168
天津市 Tianjin		
天津工业生物技术研究所 Tianjin Inst. of Industrial Biotechnology	254	95
山西省 Shanxi Province		
山西煤炭化学研究所 Shanxi Inst. of Coal Chemistry	512	172
辽宁省、山东省 Liaoning Province and Shandong Province		
大连化学物理研究所 Dalian Inst. of Chemical Physics	1364	379
沈阳应用生态研究所 Shenyang Inst. of Applied Ecology	427	161

续表 3-2

干部 Cadres							工人 Workers	离、退休人员总数 Total retired personnel
合计 Total	专业技术人员 Professional and technical staff					行政管理人员 Administrative staff		
	小计 Subtotal	高级 Senior	其中：正高级 Of which: Full professorship	中级 Middle level	初级及未定 Junior and others			
723	677	348	71	255	74	46	11	484
327	304	139	36	132	33	23	4	19
94	79	47	18	24	8	15		68
212	193	115	45	77	1	19		49
893	643	497	225	138	8	250	16	585
793	762	213	64	332	217	31		2
432	407	179	26	176	52	25	2	57
636	567	225	70	268	74	69	8	475
123	90	21		40	29	33		12
778	732	34		100	598	46	457	1059
506	80	75	32	5		426	5	682
252	222	61	30	141	20	30	2	
480	432	196	71	217	19	48	32	547
1282	1251	679	214	334	238	31	82	894
410	383	184	81	139	60	27	17	342

系统及单位 System and unit	在职职工 总计 Regular staff total	其中： 女性 Of which: Female
沈阳自动化研究所 Shenyang Inst. of Automation	1244	129
金属研究所 Inst. of Metal Research	1463	284
海洋研究所 Inst. of Oceanology	743	234
烟台海岸带研究所 Yantai Inst. of Coastal Zone Research	219	94
青岛生物能源与过程研究所 Qingdao Inst. of Bioenergy and Bioprocess Technology	442	97
青岛疗养院 Qingdao Sanatorium	3	
沈阳分院 Shenyang Branch	34	12
吉林省 Jilin Province		
长春应用化学研究所 Changchun Inst. of Applied Chemistry	870	267
东北地理与农业生态研究所 Northeast Inst. of Geography and Agroecology	412	117
长春光学精密机械与物理研究所 Changchun Inst. of Optics，Fine Mechanics and Physics	2033	331
长春分院 Changchun Branch	39	14
上海市、福建省、浙江省 Shanghai, Fujian Province and Zhejiang Province		
上海应用物理研究所 Shanghai Inst. of Applied Physics	615	191
上海天文台 Shanghai Observatory	284	94
上海硅酸盐研究所 Shanghai Inst. of Ceramics	750	217
上海有机化学研究所 Shanghai Inst. of Organic Chemistry	472	181
上海药物研究所 Shanghai Inst. of Materia Medica	911	430

续表 3-2

干部 Cadres							工人 Workers	离、退休人员总数 Total retired personnel
合计 Total	专业技术人员 Professional and technical staff					行政管理人员 Administrative staff		
	小计 Subtotal	高级 Senior	其中：正高级 Of which: Full professorship	中级 Middle level	初级及未定 Junior and others			
1076	990	469	118	387	134	86	168	496
1153	1082	549	167	288	245	71	310	846
706	667	330	116	262	75	39	37	663
218	199	81	26	70	48	19	1	
436	414	170	54	117	127	22	6	
							3	9
30	11	10	5	1		19	4	86
794	748	421	142	285	42	46	76	756
393	352	164	81	120	68	41	19	254
1854	1831	1029	305	706	96	23	179	2747
36	20	16	5	3	1	16	3	47
544	514	191	66	262	61	30	71	809
279	254	175	67	67	12	25	5	267
687	630	309	106	222	99	57	63	690
455	432	273	88	138	21	23	17	748
884	821	300	121	311	210	63	27	387

系统及单位 System and unit	在职职工 总计 Regular staff total	其中： 女性 Of which: Female
上海生命科学研究院 Shanghai Institutes for Biological Sciences	1812	1013
上海微系统与信息技术研究所 Shanghai Inst. of Microsystem and Information Technology	648	164
上海光学精密机械研究所 Shanghai Inst. of Optics and Fine Mechanics	926	279
上海技术物理研究所 Shanghai Inst. of Technical Physics	897	267
上海高等研究院 Shanghai Advanced Research Institute	892	275
上海微小卫星创新研究院 Innovation Academy for Microsatellites	289	93
福建物质结构研究所 Fujian Inst. of Research on the Structure of Matter	855	206
城市环境研究所 Inst. of Urban Environment	237	69
宁波材料技术与工程研究所 Ningbo Inst. of Material Technology and Engineering	722	111
上海分院 Shanghai Branch	59	18
江苏省 Jiangsu Province		
紫金山天文台 Purple Mountain Observatory	336	86
南京地理与湖泊研究所 Nanjing Inst. of Geography and Limnology	284	75
南京地质古生物研究所 Nanjing Inst. of Geology and Palaeontology	212	62
南京土壤研究所 Nanjing Inst. of Soil Science	306	82
苏州纳米技术与纳米仿生研究所 Suzhou Inst. of Nano-Tech and Nano-Bionics	504	164
苏州生物医学工程技术研究所 Suzhou Inst. of Biomedical Engineering and Technology	321	37
南京分院 Nanjing Branch	31	9

续表 3-2

干部 Cadres							工人 Workers	离、退休人员总数 Total retired personnel
合计 Total	专业技术人员 Professional and technical staff					行政管理人员 Adminis-trative staff		
	小计 Subtotal	高级 Senior	其中：正高级 Of which: Full professorship	中级 Middle level	初级及未定 Junior and others			
1770	1639	689	334	677	273	131	42	1519
610	575	220	93	248	107	35	38	753
851	804	410	112	268	126	47	75	871
876	819	354	161	353	112	57	21	705
891	850	403	133	334	113	41	1	3
289	285	117	40	168		4		
851	811	333	127	233	245	40	4	326
237	214	68	31	81	65	23		
698	618	284	88	214	120	80	24	5
52	10	6		3	1	42	7	235
313	293	125	53	135	33	20	23	287
277	252	124	47	126	2	25	7	169
200	185	94	45	58	33	15	12	214
297	282	156	64	115	11	15	9	321
504	469	188	75	136	145	35		
321	319	133	51	132	54	2		1
27	5	3	3	2		22	4	50

系统及单位 System and unit	在职职工 总计 Regular staff total	其中： 女性 Of which: Female
安徽省 Anhui Province		
合肥物质科学研究院 Hefei Institutes of Physical Sciences	2627	579
中国科学技术大学 University of Science and Technology of China	3602	995
江西省 Jiangxi Province		
庐山疗养院 Lushan Sanatorium	23	5
湖北省 Hubei Province		
武汉物理与数学研究所 Wuhan Inst. of Physics and Mathematics	428	117
武汉岩土力学研究所 Wuhan Inst. of Rock and Soil Mechanics	310	42
测量与地球物理研究所 Inst. of Geodesy and Geophysics	156	30
武汉植物园 Wuhan Botanical Garden	241	96
水生生物研究所 Inst. of Hydrobiology	345	124
武汉病毒研究所 Wuhan Inst. of Virology	295	134
武汉分院 Wuhan Branch	65	17
广东省、湖南省、海南省 Guangdong Province, Hunan Province and Hainan Province		
广州地球化学研究所 Guangzhou Inst. of Geochemistry	360	93
南海海洋研究所 South China Sea Inst. of Oceanology	618	156
华南植物园 South China Botanical Garden	449	168
广州生物医药与健康研究院 Guangzhou Institutes of Biomedicine and Health	369	164

续表 3-2

干部 Cadres							工人 Workers	离、退休人员总数 Total retired personnel
合计 Total	专业技术人员 Professional and technical staff					行政管理人员 Adminis-trative staff		
	小计 Subtotal	高级 Senior	其中：正高级 Of which: Full professorship	中级 Middle level	初级及未定 Junior and others			
2408	2213	1073	317	886	254	195	219	1522
3358	2965	1741	754	1124	100	393	244	2227
8						8	15	31
408	362	196	61	112	54	46	20	333
262	239	155	45	74	10	23	48	352
149	125	83	32	34	8	24	7	80
222	205	101	31	84	20	17	19	137
331	305	172	77	115	18	26	14	238
289	258	106	40	95	57	31	6	157
54	7	3	1	4		47	11	176
348	302	168	72	101	33	46	12	334
537	494	252	108	210	32	43	81	440
402	361	144	60	138	79	41	47	323
354	317	75	40	138	104	37	15	2

系统及单位 System and unit	在职职工 总计 Regular staff total	其中： 女性 Of which: Female
广州能源研究所 Guangzhou Inst. of Energy Conversion	359	119
亚热带农业生态研究所 Inst. of Subtropical Agriculture	218	46
深圳先进技术研究院 Shenzhen Institutes of Advanced Technology	1051	97
深海科学与工程研究所 Inst. of Deep-sea Science and Engineering	186	45
广州分院 Guangzhou Branch	36	11
四川省 Sichuan Province		
成都山地灾害与环境研究所 Chengdu Inst. of Mountain Hazards and Environment	282	90
成都生物研究所 Chengdu Inst. of Biology	321	123
光电技术研究所 Inst. of Optics and Electronics	1169	297
重庆绿色智能技术研究院 Chongqing Inst. of Green and Intelligent Technology	352	93
成都分院 Chengdu Branch	79	29
云南省、贵州省 Yunnan Province and Guizhou Province		
地球化学研究所 Inst. of Geochemistry	375	121
昆明植物研究所 Kunming Inst. of Botany	564	152
西双版纳热带植物园 Xishuangbanna Tropical Botanical Garden	393	126
昆明动物研究所 Kunming Inst. of Zoology	444	179
昆明分院 Kunming Branch	36	13

续表 3-2

干部 Cadres							工人 Workers	离、退休人员总数 Total retired personnel
合计 Total	专业技术人员 Professional and technical staff					行政管理人员 Adminis-trative staff		
	小计 Subtotal	高级 Senior	其中：正高级 Of which: Full professorship	中级 Middle level	初级及未定 Junior and others			
348	317	159	58	129	29	31	11	151
186	176	109	38	40	27	10	32	89
1051	833	277	121	289	267	218		
183	152	54	27	58	40	31	3	
36	16	9	5	5	2	20		46
275	241	128	46	98	15	34	7	244
311	278	151	56	113	14	33	10	314
956	900	480	82	280	140	56	213	1358
351	302	128	50	138	36	49	1	
66	25	9	3	14	2	41	13	199
359	303	208	82	72	23	56	16	255
543	492	182	70	170	140	51	21	245
374	328	134	46	132	62	46	19	254
389	355	106	41	140	109	34	55	162
33	4	4	3			29	3	57

系统及单位 System and unit	在职职工总计 Regular staff total	其中：女性 Of which: Female
陕西省 Shaanxi Province		
地球环境研究所 Inst. of Earth Environment	159	45
西安光学精密机械研究所 Xi'an Inst. of Optics and Precision Mechanics	924	173
国家授时中心 National Time Service Center	509	142
西安分院 Xi'an Branch	51	9
甘肃省、青海省 Gansu Province and Qinghai Province		
近代物理研究所 Inst. of Modern Physics	889	208
兰州化学物理研究所 Lanzhou Inst. of Chemical Physics	612	166
寒区旱区环境与工程研究所 Cold and Arid Regions Environmental and Engineering Research Inst.	629	173
青海盐湖研究所 Qinghai Inst. of Saline Lakes	246	92
西北高原生物研究所 Northwest Inst. of Plateau Biology	190	68
兰州分院 Lanzhou Branch	93	27
新疆维吾尔自治区 Xinjiang Uygur Autonomous Region		
新疆理化技术研究所 Xinjiang Technical Inst. of Physics and Chemistry	247	103
新疆生态与地理研究所 Xinjiang Inst. of Ecology and Geography	545	188
新疆分院 Xinjiang Branch	78	23

续表 3-2

合计 Total	干部 Cadres: 专业技术人员 Professional and technical staff: 小计 Subtotal	高级 Senior	其中：正高级 Of which: Full professorship	中级 Middle level	初级及未定 Junior and others	行政管理人员 Adminis-trative staff	工人 Workers	离、退休人员总数 Total retired personnel
159	144	82	49	37	25	15		14
848	783	356	122	318	109	65	76	717
404	358	115	36	145	98	46	105	442
48	13	8	3	2	3	35	3	41
861	791	386	114	291	114	70	28	566
575	519	245	97	201	73	56	37	404
601	562	264	115	274	24	39	28	526
225	196	91	33	92	13	29	21	240
180	167	83	37	56	28	13	10	139
59	15	5	1	8	2	44	34	214
235	219	132	57	74	13	16	12	184
522	480	209	102	138	133	42	23	208
53	13	3	3	6	4	40	25	205

3-3 事业单位在职职工年龄情况（2018 年）

Age Distribution of CAS Regular Staff: 2018

单位：人 （person）

	合计 Total	30 岁及以下 Aged 30 and under 30	31～35 岁 Aged 31-35	36～40 岁 Aged 36-40	41～45 岁 Aged 41-45	46～50 岁 Aged 46-50	51～55 岁 Aged 51-55	56～60 岁 Aged 56-60	60 岁以上 Over 60
在职职工总数 Total regular staff	**69111**	**11748**	**16913**	**14809**	**7973**	**6325**	**7455**	**3381**	**507**
科研机构 Research units	61026	10461	15469	13285	6929	5362	6331	2776	413
学校及公共支撑机构 Universities and public supporting organizations	6973	1234	1294	1305	912	797	872	476	83
管理机构 Management organizations	1112	53	150	219	132	166	252	129	11
专业技术人员 Various kinds of professional staff	**59108**	**10576**	**15509**	**13292**	**6939**	**4740**	**5449**	**2117**	**486**
科研机构 Research units	53485	9510	14416	12170	6210	4164	4784	1832	399
学校及公共支撑机构 Universities and public supporting organizations	5404	1056	1066	1078	709	549	601	263	82
管理机构 Management organizations	219	10	27	44	20	27	64	22	5
高级职称 Senior professionals	**29177**	**288**	**4472**	**8636**	**5450**	**3696**	**4457**	**1724**	**454**
科研机构 Research units	26329	201	4064	7994	4960	3329	3945	1469	367
学校及公共支撑机构 Universities and public supporting organizations	2697	87	395	609	473	354	462	235	82
管理机构 Management organizations	151		13	33	17	13	50	20	5
正高级 Full professorship	**10350**	**10**	**362**	**1747**	**2115**	**1977**	**2656**	**1037**	**446**
科研机构 Research units	9211	6	270	1561	1924	1816	2380	895	359
学校及公共支撑机构 Universities and public supporting organizations	1075	4	92	185	186	156	239	131	82
管理机构 Management organizations	64			1	5	5	37	11	5
中级职称 Middle level professionals	**21816**	**4729**	**9719**	**4072**	**1277**	**874**	**829**	**304**	**12**
科研机构 Research units	19917	4231	9224	3708	1076	691	696	279	12
学校及公共支撑机构 Universities and public supporting organizations	1846	493	485	353	200	171	121	23	
管理机构 Management organizations	53	5	10	11	1	12	12	2	

3-4 事业单位在职职工学位和学历情况（2018 年）

CAS Regular Staff, by Academic Degree and Qualification: 2018

单位：人 （person）

	学位 Academic degrees			学历 Academic qualification				
	博士 Ph.D.	硕士 MS	学士 Bachelor	研究生 Post graduates	大学 University graduates	大专 Specialized higher school graduates	中专 Specialized secondary school graduates	其他 Others
总计 Total	**29786**	**19793**	**8261**	**48937**	**12214**	**3830**	**890**	**3240**
科研机构 Research units	26712	17941	7043	44123	10137	3195	790	2781
数学、物理 Mathematics & physics	5393	2935	1383	8210	2083	671	167	683
化学与化工 Chemistry & chemical engineering	3974	2033	1070	5899	1429	452	106	347
地学 Earth sciences	4841	1426	766	6327	1032	410	77	365
生物学 Biological sciences	5158	3108	1393	8209	1914	621	128	435
技术科学 Technological sciences	7141	8375	2407	15210	3648	1036	311	950
其他 Others	205	64	24	268	31	5	1	1
学校及公共支撑机构 Universities and public supporting organizations	2837	1482	1045	4228	1740	543	80	382
管理机构 Management organizations	237	370	173	586	337	92	20	77

主要统计指标解释

1. 事业单位在职职工

指由本机构直接组织安排工作并支付工资的年末在册各类人员，不包括离、退休人员。

2. 专业技术人员

指聘任了专业技术职务或专业技术职务见习期内的人员。

高级：指研究员、副研究员；教授、副教授；高级工程师；高级农艺师；正、副主任医（药、护、技）师；高级实验师；高级统计师；高级经济师；高级会计师；正、副编审；正、副译审；高级（主任）记者；正、副研究馆员等。

中级：指助理研究员；讲师；工程师；农艺师；主治医（药、护、技）师；实验师；统计师；经济师；会计师；编辑；翻译；记者；馆员等。

初级：指研究实习员；助教；助理工程师、技术员；助理农艺师、农业技术员；医（药、护、技）师、医（药、护、技）士；助理实验师、实验员；助理统计师、统计员；助理经济师；助理会计师、会计员；助理编辑、见习编辑；助理翻译；助理记者；助理馆员、管理员等。

3. 离、退休人员总数

指历年由本机构离、退休，并在本机构领取离、退休费的人员。

4. 学位和学历

指由人事部门或干部部门根据国家有关规定，填报的本机构职工总数中人员的学位和学历情况（均指获得的最高学位和最高学历）。

Explanatory Notes on Key Indicators

1. Regular staff

Regular staff refers to persons who are on the year-end payroll, working directly under the management of an institution or unit and receiving remuneration for their work. The retired are not included.

2. Professional and technical staff

This refers to those who have acquired professional or technical titles or who are in the probation period of those titles.

Senior: research fellow and associate research fellow, professor and associate professor, senior engineer, senior agronomist, chief (and associate chief) physician (pharmacist, nurse and technician), senior laboratorian, senior statistician, senior economist, senior accountant, senior editor and associate senior editor, translation editor and associate translation editor, senior journalist, senior librarian and associate librarian, and so on.

Middle level: research associate, lecturer, engineer, agronomist, physician (pharmacist, nurse and technician) in charge, laboratorian, statistician, economist, accountant, editor, translator, journalist, librarian, and so on.

Junior: research assistant, teaching assistant, assistant engineer, technician, assistant agronomist, agrotechnician, physician (pharmacist, nurse and technician), assistant laboratorian, laboratory technician, assistant physician (pharmacist, nurse and technician), assistant statistician, statistical clerk, assistant economist, assistant accountant, accounting clerk, assistant editor, internship, assistant translator, assistant journalist, library assistant, library clerk, and so on.

3. Total retired personnel

Total retired personnel refers to the total number of staff who retired from CAS and draw their pension from CAS.

4. Academic degrees and qualifications

This heading reflects the basic status of academic degrees and qualifications of the staff in a particular institution or unit, compiled by the personnel department according to relevant state regulations, and only the highest academic degrees and qualifications are recorded.

四、经 费

FUNDS

4-1 事业单位总收入、支出情况

Total Income and Expenditure of CAS Institutions

单位：万元　　　　　　　　　　　　　　　　　　　　　　　　　　（ten thousand yuan）

年份 Year	总收入 Total income	比上年增长（%） Percentage of increase to that of last year	总支出 Total expenditure	比上年增长（%） Percentage of increase to that of last year
1986	89572	—	87591	13.0
1987	101817	13.7	93382	6.6
1988	126570	24.3	104103	11.5
1989	131026	3.5	115530	11.0
1990	149252	13.9	132041	14.3
1991	151004	1.2	145579	10.3
1992	188906	25.1	191372	31.5
1993	240277	27.2	237560	24.1
1994	290668	21.0	277266	16.7
1995	322500	11.0	313395	13.0
1996	324959	0.8	330587	5.5
1997	408797	25.8	364661	10.3
1998	493598	20.7	367110	0.7
1999	545206	10.5	426170	16.1
2000	713798	30.9	572464	34.3
2001	806083	12.9	696939	21.7
2002	1007421	25.0	877392	25.9
2003	977810	−2.9	990997	13.0
2004	1221649	24.9	1115258	12.5
2005	1275183	4.4	1241790	11.3
2006	1455250	14.1	1310501	5.5
2007	1703971	17.1	1574835	20.2
2008	2115483	24.2	1837346	16.7
2009	2286105	8.1	2369638	29.0
2010	2661649	16.4	2675838	12.9
2011	3317606	24.6	3240279	21.1
2012	3912347	17.9	3694414	14.0
2013	4196918	7.3	4073447	10.3
2014	4617999	10.0	4427000	8.7
2015	5062292	9.6	5036003	13.8
2016	5184076	2.4	4880397	−3.1
2017	5849601	12.8	5365882	9.9
2018	6456532	10.4	6057982	12.9

注：1. 以中国科学院财务决算口径统计。
Note: Based on the specifications for CAS final financial accounts.

2. 1997 年起开始执行国家颁布的“科学事业单位财务制度”。
Since 1997, the “Financial System for Scientific Institutions” issued by the State has been implemented.

3. “总收入”不包括基本建设投资、教育事业费收入。
“The total income” does not include the investment of capital construction and education income.

4. 自 2001 年起，事业单位总收入和总支出中包括转制单位的财政补助收入及支出。
Since 2001, the total income and expenditure of CAS scientific institutions has included the financial subsidiary income and expenditure of these transferred institutions.

4-2 事业单位总

Total Income

单位：万元

系统及单位 System and unit	合计 Total	财政补助收入 Financial subsidiary income	拨入专款 Special funds allocated
总计 Total	**6456532**	**3319186**	**85214**
一、按系统分 By system			
（一）科研机构 Research units	5697738	2904359	75097
数学、物理 Mathematics & physics	1167867	660379	21146
化学与化工 Chemistry & chemical engineering	730504	366770	10266
地学 Earth sciences	801637	476592	11530
生物学 Biological sciences	1025937	609311	14104
技术科学 Technological sciences	1944863	770686	17013
其他 Others	26930	20621	1038
（二）学校及公共支撑机构 Universities and public supporting organizations	499983	251966	6693
技术支撑机构 Technical supporting organizations	65407	28815	6
学校 Universities	322404	146835	6382
文献情报、新闻出版 Documentation information & publication	62453	41605	305
服务与福利 Service & welfare	49719	34711	
（三）管理机构 Management organizations	206354	119085	3265
中国科学院本部 CAS Headquarters	158830	83365	2151
地区管理部门 CAS Branches	47524	35720	1114
（四）其他 Others	52457	43776	159

收入情况（2018 年）
of CAS Institutions: 2018

（ten thousand yuan）

事业收入 Operating income	科研收入 Scientific research income	技术收入 Technical income	试制产品收入 Income from trial-production of products	预算外资金收入 Income from non-budgetary funds	经营收入 Business income	其他收入 Other income
2677395	**2115636**	**325202**	**212373**	**216**	**80318**	**294419**
2449910	1893787	322478	212373	6	72113	196259
406013	343409	34960	24978		27109	53220
327537	197417	90846	38008		9211	16720
294856	280484	11609		6	6297	12362
352398	264513	74707	309		1485	48639
1064051	802917	110356	149078		27888	65225
5055	5047				123	93
217033	211933	2555			2011	22280
32518	31834	682				4068
164683	164683				1238	3266
19832	15416	1873			206	505
					567	14441
2659	2260	169		210	6194	75151
1407	1407				2320	69587
1252	853	169		210	3874	5564
7793	7656					729

系统及单位 System and unit	合计 Total	财政补助收入 Financial subsidiary income	拨入专款 Special funds allocated
二、按科研单位分 By institute			
北京市 Beijing	2449115	1321483	24417
数学与系统科学研究院 Academy of Mathematics and Systems Science	35071	25264	1238
物理研究所 Inst. of Physics	89161	46800	1921
声学研究所 Inst. of Acoustics	101706	34531	359
理论物理研究所 Inst. of Theoretical Physics	7686	4868	91
理化技术研究所 Technical Inst. of Physics and Chemistry	85896	31752	262
高能物理研究所 Inst. of High Energy Physics	162094	115652	1636
国家天文台 National Astronomical Observatories	99980	69170	494
力学研究所 Inst. of Mechanics	67054	46672	735
化学研究所 Inst. of Chemistry	77689	45017	783
生态环境研究中心 Research Center for Eco-Environmental Sciences	65085	36516	1552
国家纳米科学中心 National Center for Nanoscience and Technology	31002	17491	49
过程工程研究所 Inst. of Process Engineering	65714	34051	846
地理科学与资源研究所 Inst. of Geographic Sciences and Natural Resources Research	93191	55205	1607
青藏高原研究所 Inst. of Tibetan Plateau Research	26657	22923	293
遥感与数字地球研究所 Inst. of Remote Sensing and Digital Earth	75466	43400	748
地质与地球物理研究所 Inst. of Geology and Geophysics	91694	66150	2051
古脊椎动物与古人类研究所 Inst. of Vertebrate Paleontology and Paleoanthropology	16808	12049	196

续表 4-2

事业收入 Operating income	科研收入 Scientific research income	技术收入 Technical income	试制产品收入 Income from trial-production of products	预算外资金收入 Income from non-budgetary funds	经营收入 Business income	其他收入 Other income
989706	820254	103100	59847		28360	85149
7600	7420	50				969
30724	27399	2183			229	9487
57951	29606	3368	24978		1376	7489
2727	2726					
44681	36315	8366			8323	878
41495	39328	1710			1850	1461
28940	25629	3097			458	918
16967	12802	4164			5	2675
29347	19962	4950	4434			2542
25359	19271	6088				1658
13086	12107	979				376
30163	23186	5743	1042			654
32999	32208	172				3380
3198	3198					243
29353	28959	243			728	1237
22005	21949				9	1479
3955	2904					608

系统及单位 System and unit	合计 Total	财政补助收入 Financial subsidiary income	拨入专款 Special funds allocated
大气物理研究所 Inst. of Atmospheric Physics	56561	26322	909
植物研究所 Inst. of Botany	53889	35360	1069
动物研究所 Inst. of Zoology	80554	60911	887
心理研究所 Inst. of Psychology	35197	8665	465
微生物研究所 Inst. of Microbiology	40919	23984	365
生物物理研究所 Inst. of Biophysics	65695	46586	1312
遗传与发育生物学研究所 Inst. of Genetics and Developmental Biology	69256	42502	532
北京基因组研究所 Beijing Inst. of Genomics	15061	10087	155
计算技术研究所 Inst. of Computing Technology	59863	30757	130
软件研究所 Inst. of Software	39475	22218	99
半导体研究所 Inst. of Semiconductors	71250	30481	177
微电子研究所 Inst. of Microelectronics	59850	33326	1277
电子学研究所 Inst. of Electronics	187532	49481	90
光电研究院 Academy of Opto-Electronics	44037	29150	9
自动化研究所 Inst. of Automation	60003	23079	264
电工研究所 Inst. of Electric Engineering	56730	30832	75
工程热物理研究所 Inst. of Engineering Thermophysics	52769	24648	618
国家空间科学中心 National Space Science Center	79221	35579	37

续表 4-2

事业收入 Operating income	科研收入 Scientific research income	技术收入 Technical income	试制产品收入 Income from trial-production of products	预算外资金收入 Income from non-budgetary funds	经营收入 Business income	其他收入 Other income
26604	25835	650			2671	55
17125	11484	5142			147	188
16940	16652					1816
25565	4751	20735				502
15758	11362	3869				812
16634	15411	1150				1163
25065	23470	1208	309		67	1090
4577	4509	50				242
26492	26072					2484
12829	12636				55	4274
32682	24138	8543			3795	4115
20122	10605	9517			3779	1346
132240	91845	11123	29084		1427	4294
12826	12826				323	1729
31578	31578				32	5050
24431	24431				1050	342
25833	25833				287	1383
26777	26777				1626	15202

系统及单位 System and unit	合计 Total	财政补助收入 Financial subsidiary income	拨入专款 Special funds allocated
自然科学史研究所 Inst. of History of Natural Sciences	4209	3896	125
科技战略咨询研究院 Inst. of Science and development	20648	14916	913
信息工程研究所 Inst. of Information Engineering	62393	20274	47
空间应用工程与技术中心 Technology and Engineering Center for Space Utilization	39976	9109	1
北京综合研究中心 Beijing Advanced Sciences and Innovation Centre	2073	1809	
天津市 Tianjin	12910	6888	117
天津工业生物技术研究所 Tianjin Inst. of Industrial Biotechnology	12910	6888	117
山西省 Shanxi Province	38819	15733	420
山西煤炭化学研究所 Shanxi Inst. of Coal Chemistry	38819	15733	420
辽宁省、山东省 Liaoning Province and Shandong Province	534013	207529	5957
大连化学物理研究所 Dalian Inst. of Chemical Physics	141066	66622	1513
沈阳应用生态研究所 Shenyang Inst. of Applied Ecology	25418	15916	245
沈阳自动化研究所 Shenyang Inst. of Automation	154184	34984	209
金属研究所 Inst. of Metal Research	109774	38638	2209
海洋研究所 Inst. of Oceanology	103571	51369	1781
吉林省 Jilin Province	254265	106134	2346
长春应用化学研究所 Changchun Inst. of Applied Chemistry	59556	34405	1499
东北地理与农业生态研究所 Northeast Inst. of Geography and Agroecology	29213	13229	160
长春光学精密机械与物理研究所 Changchun Inst. of Optics, Fine Mechanics and Physics	165496	58500	687
上海市、福建省、浙江省 Shanghai, Fujian Province and Zhejiang Province	1040884	514960	16191
上海应用物理研究所 Shanghai Inst. of Applied Physics	83009	61766	750

续表 4-2

事业收入 Operating income	科研收入 Scientific research income	技术收入 Technical income	试制产品收入 Income from trial-production of products	预算外资金收入 Income from non-budgetary funds	经营收入 Business income	其他收入 Other income
183	175				1	4
4615	4615				122	82
39464	39464					2608
30559	30559					307
257	257					7
5564	5482	82				341
5564	5482	82				341
13111	11828	1239			5978	3577
13111	11828	1239			5978	3577
311820	134769	54481	121143		6	8701
70929	32796	27796	9921			2002
8792	7932	385				465
114528	24543	10980	78909			4463
68048	21471	14038	32313			879
49523	48027	1282			6	892
141659	131241	6870	3026	6	949	3177
23457	13303	6870	3026		133	62
15586	15573			6		238
102616	102365				816	2877
448141	327636	95762	22829		16758	44834
19304	17743	1409			756	433

系统及单位 System and unit	合计 Total	财政补助收入 Financial subsidiary income	拨入专款 Special funds allocated
上海天文台 Shanghai Observatory	29991	13655	112
上海硅酸盐研究所 Shanghai Inst. of Ceramics	81385	27395	421
上海有机化学研究所 Shanghai Inst. of Organic Chemistry	67496	34236	676
上海生命科学研究院 Shanghai Institutes for Biological Sciences	182772	122599	2770
上海微系统与信息技术研究所 Shanghai Inst. of Microsystem and Information Technology	93633	51292	264
上海光学精密机械研究所 Shanghai Inst. of Optics and Fine Mechanics	83326	34956	455
上海技术物理研究所 Shanghai Inst. of Technical Physics	120158	35312	124
上海药物研究所 Shanghai Inst. of Materia Medica	122225	42412	559
上海高等研究院 Shanghai Advanced Research Institute	48754	26185	4
上海微小卫星创新研究院 Micro satellite Innovation Research Institution	19328	19328	
福建物质结构研究所 Fujian Inst. of Research on the Structure of Matter	61583	28899	2120
宁波材料技术与工程研究所 Ningbo Inst. of Material Technology and Engineering	47224	16925	7936
江苏省 Jiangsu Province	128140	84658	1273
紫金山天文台 Purple Mountain Observatory	37112	28058	189
南京地理与湖泊研究所 Nanjing Inst. of Geography and Limnology	27097	14126	257
南京地质古生物研究所 Nanjing Inst. of Geology and Palaeontology	18963	15352	110
南京土壤研究所 Nanjing Inst. of Soil Science	31629	19557	470
苏州生物医学工程技术研究所 Suzhou Inst. of Biomedical Engineering and Technology	13339	7565	247
安徽省 Anhui Province	197378	83911	1716
合肥物质科学研究院 Hefei Institutes of Physical Science	197378	83911	1716

续表 4-2

事业收入 Operating income	科研收入 Scientific research income	技术收入 Technical income	试制产品收入 Income from trial-production of products	预算外资金收入 Income from non-budgetary funds	经营收入 Business income	其他收入 Other income
15120	15057				837	267
51189	12841	21436	16789		748	1632
29806	15985	10879	2796		388	2390
56108	44950	10083				1295
34473	28416	4867	1189		6313	1291
42107	35454	5526	1127		5190	618
82657	76156	5740	761			2065
48499	26401	21812				30755
19848	13026	6815	7		1036	1681
28011	23481	4496			1490	1063
21019	18126	2699	160			1344
37694	34616	2444			260	4255
7546	7251				66	1253
11400	11351				186	1128
3128	2766	201			8	365
10846	10335	382				756
4774	2913	1861				753
74850	65204	9570			12927	23974
74850	65204	9570			12927	23974

系统及单位 System and unit	合计 Total	财政补助收入 Financial subsidiary income	拨入专款 Special funds allocated
湖北省 Hubei Province	153414	96552	443
武汉物理与数学研究所 Wuhan Inst. of Physics and Mathematics	31728	19892	38
武汉岩土力学研究所 Wuhan Inst. of Rock and Soil Mechanics	31147	15783	20
测量与地球物理研究所 Inst. of Geodesy and Geophysics	10738	6858	14
武汉植物园 Wuhan Botanical Garden	18573	13450	107
水生生物研究所 Inst. of Hydrobiology	35344	20601	59
武汉病毒研究所 Wuhan Inst. of Virology	25884	19968	205
广东省、湖南省 Guangdong Province and Hunan Province	266981	131348	4883
广州地球化学研究所 Guangzhou Inst. of Geochemistry	38722	22531	529
南海海洋研究所 South China Sea Inst. of Oceanology	67911	39819	1505
华南植物园 South China Botanical Garden	30527	18375	1404
广州能源研究所 Guangzhou Inst. of Energy Conversion	83020	33332	1201
广州生物医药与健康研究院 Guangzhou Institutes of Biomedicine and Health	30205	9937	229
亚热带农业生态研究所 Inst. of Subtropical Agriculture	16596	7354	15
四川省 Sichuan Province	137833	60761	810
成都山地灾害与环境研究所 Chengdu Inst. of Mountain Hazards and Environment	21292	12388	94
成都生物研究所 Chengdu Inst. of Biology	21525	12606	295
光电技术研究所 Inst. of Optics and Electronics	95016	35767	421
重庆市 Chongqing	16312	8251	

续表 4-2

事业收入 Operating income	科研收入 Scientific research income	技术收入 Technical income	试制产品收入 Income from trial-production of products	预算外资金收入 Income from non-budgetary funds	经营收入 Business income	其他收入 Other income
53238	51189	613				3181
11407	11356					391
14608	14607					736
3675	3675					191
4882	3627	7				134
13150	12609	432				1534
5516	5315	174				195
123037	109630	10787			2228	5485
13887	13851	10			712	1063
25730	19805	5893			300	557
8457	5994	174			1080	1211
47237	43325	3737			136	1114
19311	19181	65				728
8415	7474	908				812
70406	69707	699			362	5494
8406	8406					404
6452	5798	654				2172
55548	55503	45			362	2918
6739	6193	546			161	1161

系统及单位 System and unit	合计 Total	财政补助收入 Financial subsidiary income	拨入专款 Special funds allocated
重庆绿色智能技术研究院 Chongqing Institutes of Green and Intelligent Technology	16312	8251	
云南省、贵州省 Yunnan Province and Guizhou Province	122409	75114	3214
昆明植物研究所 Kunming Inst. of Botany	38520	26941	956
昆明动物研究所 Kunming Inst. of Zoology	31583	20341	1053
西双版纳热带植物园 Xishuangbanna Tropical Botanical Garden	26992	14235	691
地球化学研究所 Inst. of Geochemistry	25314	13597	514
陕西省 Shaanxi Province	123423	58005	572
西安光学精密机械研究所 Xi'an Inst. of Optics and Precision Mechanics	82629	31394	562
地球环境研究所 Inst. of Earth Environment	17608	10412	1
国家授时中心 National Time Service Center	23186	16199	9
甘肃省、青海省 Gansu Province and Qinghai Province	168710	100955	12171
近代物理研究所 Inst. of Modern Physics	64712	34847	11548
兰州化学物理研究所 Lanzhou Inst. of Chemical Physics	29692	18126	375
寒区旱区环境与工程研究所 Cold and Arid Regions Environmental and Engineering Research Inst.	48655	30344	222
青海盐湖研究所 Qinghai Inst. of Saline Lakes	11417	8279	12
西北高原生物研究所 Northwest Inst. of Plateau Biology	14234	9359	14
新疆维吾尔自治区 Xinjiang Uygur Autonomous Region	53132	32077	567
新疆理化技术研究所 Xinjiang Technical Inst. of Physics and Chemistry	20956	11559	28
新疆生态与地理研究所 Xinjiang Inst. of Ecology and Geography	32176	20518	539

注：1. 除“财政补助收入”外，其他各项收入均不含本单位转拨外单位经费。
Note: Except “the financial subsidiary income”, all other incomes do not include funds allocated by the institution

2. 由于青岛生物能源与过程研究所、烟台海岸带研究所、城市环境研究所、苏州纳米技术与纳米仿生
Considering that the financial accounts of Qingdao Inst. of Bioenergy and Bioprocess Technology, Yantai Inst.
Institutes of Advanced Technology are still affiliated to other units, they are not listed separately.

续表 4-2

事业收入 Operating income					经营收入 Business income	其他收入 Other income
	科研收入 Scientific research income	技术收入 Technical income	试制产品收入 Income from trial-production of products	预算外资金收入 Income from non-budgetary funds		
6739	6193	546			161	1161
40948	26839	8451			1194	1939
9760	9002	379				863
9759	7703	1947				430
11483	3110	3290				583
9946	7024	2835			1194	63
61467	29726	26098	5528		1500	1879
47834	16093	26098	5528		1500	1339
7028	7028					167
6605	6605					373
51878	51186	371			1430	2276
16672	16587	1			282	1363
10623	10397	178			235	333
17597	17412				483	9
2456	2260	192			239	431
4530	4530				191	140
19652	18287	1365				836
8816	7774	1042				553
10836	10513	323				283

to other units.
研究所、深圳先进技术研究院财务账户仍然下挂在其他单位，故未单独列出。
of Coastal Zone Research, Inst. of Urban Environment, Suzhou Inst. of Nano-Tech and Nano-Bionics and Shenzhen

4-3 事业单位总

Total Expenditure

单位：万元

系统及单位 System and institute	合计 Total	人员支出 Personnel expenditure	基本工资 Basic salary	补助工资 Subsidiary salary	其他工资 Other salaries
总计 Total	**6057982**	**2103143**	**262102**	**449281**	**130729**
一、按系统分 By system					
（一）科研机构 Research units	5402990	1907093	239760	426864	123669
数学、物理 Mathematics & physics	1098979	380676	49316	78240	10055
化学与化工 Chemistry & chemical engineering	708471	271707	31635	72156	14598
地学 Earth sciences	790999	265208	41596	63045	15689
生物学 Biological sciences	937541	357627	40717	96374	28698
技术科学 Technological sciences	1838582	619354	74882	113679	53883
其他 Others	28418	12521	1614	3370	746
（二）学校及公共支撑机构 Universities and public supporting organizations	449220	117535	15883	10647	6335
技术支撑机构 Technical supporting organizations	36872	12624	1461	3006	128
学校 Universities	305016	55343	264	2675	6152
文献情报、新闻出版 Documentation, information & publication	59100	21652	2746	4184	55
服务与福利 Service & welfare	48232	27916	11412	782	
（三）管理机构 Management organizations	137115	51579	5823	11048	696
中国科学院本部 CAS Headquarters	94445	26836	2968	6354	49
地区管理部门 CAS Branches	42670	24743	2855	4694	647

支出情况（2018 年）

of CAS Institutions: 2018

（ten thousand yuan）

社会保障费 Social security expenditure	公用支出 Public expenditure	公共运行费 Expenditure for public operation	科研业务费 Expenditure for professional activity	固定资产购置费 Expenditure for purchasing equipment	专款支出 Designated expenditure	经营支出 Operating expenditure
353909	**3805014**	**422534**	**2628123**	**731826**	**80186**	**69639**
325744	3359255	375479	2312932	655301	73218	63424
62784	679112	96977	438397	138863	19548	19643
45616	418687	49450	246764	122289	9249	8828
36515	507041	37970	369534	99283	12938	5812
60623	561872	73164	359645	125491	16558	1484
118125	1177432	116665	885829	168280	14178	27618
2081	15111	1253	12763	1095	747	39
18823	325681	36892	229318	59471	4048	1956
3840	24127	2287	16724	5116	121	
7607	244864	17092	180083	47689	3624	1185
3355	36941	2662	32511	1768	303	204
4021	19749	14851		4898		567
8359	78518	8262	62506	1155	2759	4259
3821	64807	2646	55444	262	1975	827
4538	13711	5616	7062	893	784	3432

系统及单位 System and institute	合计 Total	人员支出 Personnel expenditure	基本工资 Basic salary	补助工资 Subsidiary salary	其他工资 Other salaries
（四）其他 Others	68657	26936	636	722	29
二、按科研单位分 By institute					
北京市 Beijing	2249066	772577	92476	148933	54749
数学与系统科学研究院 Academy of Mathematics and Systems Science	33251	17000	2009	5350	791
物理研究所 Inst. of Physics	68825	25363	2412	6212	781
声学研究所 Inst. of Acoustics	100491	33235	3806	3981	220
理论物理研究所 Inst. of Theoretical Physics	7702	3041	417	722	58
理化技术研究所 Technical Inst. of Physics and Chemistry	74020	25855	2402	2548	373
高能物理研究所 Inst. of High Energy Physics	158032	51459	6410	5379	607
国家天文台 National Astronomical Observatories	98225	30652	4715	8008	1387
力学研究所 Inst. of Mechanics	52728	16616	2101	3767	564
化学研究所 Inst. of Chemistry	67420	22851	2377	6802	513
生态环境研究中心 Research Center for Eco-Environmental Sciences	64955	17731	3145	5427	1205
国家纳米科学中心 National Center for Nanoscience and Technology	37168	12153	1224	2625	820
过程工程研究所 Inst. of Process Engineering	54601	25277	2721	5191	1236
地理科学与资源研究所 Inst. of Geographic Sciences and Natural Resources Research	80337	25661	3961	4627	2278
青藏高原研究所 Inst. of Tibetan Plateau Research	29647	8961	854	2584	757
遥感与数字地球研究所 Inst. of Remote Sensing and Digital Earth	63807	21167	2767	4371	3745

续表 4-3

社会保障费 Social security expenditure	公用支出 Public expenditure	公共运行费 Expenditure for public operation	科研业务费 Expenditure for professional activity	固定资产购置费 Expenditure for purchasing equipment	专款支出 Designated expenditure	经营支出 Operating expenditure
983	41560	1901	23367	15899	161	
137690	1434288	158185	1021124	248543	22182	20019
2022	15658	1196	12280	1830	593	
2606	41650	4852	26515	10283	1757	55
6973	64825	4463	55101	4945	1217	1214
430	4570	664	3015	891	91	
6578	45565	10626	28187	6732	150	2450
5244	103127	27573	60367	15187	1596	1850
5688	66613	3514	47790	15309	503	457
2179	35870	4685	19404	11781	242	
3708	43786	4862	26435	12489	783	
2873	45602	2949	30905	11748	1622	
2363	24966	2579	12444	9788	49	
4129	28783	3231	17540	8012	541	
3786	53221	2303	47681	3237	1455	
1818	20595	2945	10964	6686	91	
2849	41346	4792	32522	4032	983	311

系统及单位 System and institute	合计 Total	人员支出 Personnel expenditure	基本工资 Basic salary	补助工资 Subsidiary salary	其他工资 Other salaries
地质与地球物理研究所 Inst. of Geology and Geophysics	92600	22697	6958	1855	1717
古脊椎动物与古人类研究所 Inst. of Vertebrate Paleontology and Paleoanthropology	15022	6995	1006	1178	368
大气物理研究所 Inst. of Atmospheric Physics	50156	17942	2379	4685	326
植物研究所 Inst. of Botany	53394	23364	2392	5721	1985
动物研究所 Inst. of Zoology	65924	18559	2286	5390	523
心理研究所 Inst. of Psychology	29307	9540	1060	2835	111
微生物研究所 Inst. of Microbiology	37057	18374	1931	4718	417
生物物理研究所 Inst. of Biophysics	60362	18089	2551	5652	969
遗传与发育生物学研究所 Inst. of Genetics and Developmental Biology	67531	22319	2466	5375	2463
北京基因组研究所 Beijing Inst. of Genomics	14548	4415	555	959	248
计算技术研究所 Inst. of Computing Technology	55319	25311	3560	3406	1955
软件研究所 Inst. of Software	38005	18130	1500	1340	18
半导体研究所 Inst. of Semiconductors	63829	23781	2748	5755	1109
微电子研究所 Inst. of Microelectronics	52519	23294	2629	4569	2268
电子学研究所 Inst. of Electronics	172482	41929	3694	5263	4300
光电研究院 Academy of Opto-Electronics	37889	12104	1488	2418	944
自动化研究所 Inst. of Automation	59777	21965	3380	2397	
电工研究所 Inst. of Electric Engineering	41897	14212	1594	4319	899
工程热物理研究所 Inst. of Engineering Thermophysics	43475	15474	1665	3390	

续表 4-3

社会保障费 Social security expenditure	公用支出 Public expenditure	公共运行费 Expenditure for public operation	科研业务费 Expenditure for professional activity	固定资产购置费 Expenditure for purchasing equipment	专款支出 Designated expenditure	经营支出 Operating expenditure
5497	67843	4496	56020	7327	2051	9
1062	7859	576	5290	1993	168	
2230	28855	651	22636	5568	755	2604
3239	28346	3749	16457	8140	1537	147
3056	46458	1704	31972	12782	907	
1512	19379	683	17090	1606	388	
3606	18359	2613	13411	2334	324	
3438	41380	5378	22886	13116	893	
4610	44614	4121	31667	6747	532	66
1166	9966	1013	8072	881	167	
4237	29922	4653	20614	4655	86	
3810	19770	2275	14108	3387	50	55
4785	36175	3439	23658	9078	133	3740
5012	25347	3333	16763	5212	1043	2835
7350	129128	5080	107899	12675	64	1361
3555	25485	3566	16042	5877		300
3621	37602	4432	28020	5150	178	32
3974	26875	2583	19247	5045	75	735
3485	27555	976	22765	3814	308	138

系统及单位 System and institute	合计 Total	人员支出 Personnel expenditure	基本工资 Basic salary	补助工资 Subsidiary salary	其他工资 Other salaries
国家空间科学中心 National Space Science Center	72948	27135	1778	3400	9326
自然科学史研究所 Inst. of History of Natural Sciences	4362	2953	463	744	395
科技战略咨询研究院 Inst. of Science and development	21715	8166	969	2165	314
信息工程研究所 Inst. of Information Engineering	67434	25463	1215	2534	8599
空间应用工程与技术中心 Technology and Engineering Center for Space Utilization	37964	11942	706	810	123
北京综合研究中心 Beijing Advanced Sciences and Innovation Centre	2341	1402	182	461	37
天津市 Tianjin	13597	7028	1044	2395	2173
天津工业生物技术研究所 Tianjin Inst. of Industrial Biotechnology	13597	7028	1044	2395	2173
山西省 Shanxi Province	41545	16468	1940	2666	867
山西煤炭化学研究所 Shanxi Inst. of Coal Chemistry	41545	16468	1940	2666	867
辽宁省、山东省 Liaoning Province and Shandong Province	505087	169028	19512	47470	16830
大连化学物理研究所 Dalian Inst. of Chemical Physics	132471	48333	3978	13719	5326
沈阳应用生态研究所 Shenyang Inst. of Applied Ecology	25018	10903	1566	3420	371
沈阳自动化研究所 Shenyang Inst. of Automation	129443	30212	3354	6592	6255
金属研究所 Inst. of Metal Research	100434	35162	4578	9619	1706
海洋研究所 Inst. of Oceanology	117721	44418	6036	14120	3172
吉林省 Jilin Province	254261	100278	11058	16383	1185
长春应用化学研究所 Changchun Inst. of Applied Chemistry	59222	29234	4210	6892	662
东北地理与农业生态研究所 Northeast Inst. of Geography and Agroecology	29240	10109	1723	3305	42
长春光学精密机械与物理研究所 Changchun Inst. of Optics, Fine Mechanics and Physics	165799	60935	5125	6186	481
上海市、福建省、浙江省 Shanghai, Fujian Province and Zhejiang Province	1000708	336200	36800	98413	21303
上海应用物理研究所 Shanghai Inst. of Applied Physics	79516	25174	3544	6195	1575

续表 4-3

社会保障费 Social security expenditure	公用支出 Public expenditure	公共运行费 Expenditure for public operation	科研业务费 Expenditure for professional activity	固定资产购置费 Expenditure for purchasing equipment	专款支出 Designated expenditure	经营支出 Operating expenditure
6041	44138	3654	38539	1945	54	1621
342	1292	143	926	223	116	1
1461	12880	621	11479	780	631	38
6030	41923	15254	21870	4799	48	
1047	26021	1469	22185	2367	1	
278	939	489	358	92		
1005	6503	638	3934	1930	66	
1005	6503	638	3934	1930	66	
2269	19043	2834	11670	4539	56	5978
2269	19043	2834	11670	4539	56	5978
26191	328806	31630	223460	73686	7247	6
7674	82834	9578	43989	29237	1304	
2075	13870	2194	8343	3333	245	
5397	99006	2601	86245	10160	225	
6855	63087	11512	40050	11525	2185	
4190	70009	5745	44833	19431	3288	6
8516	151136	13131	120497	17508	2340	507
1952	28356	5674	15799	6883	1499	133
1028	18944	1553	15478	1913	187	
5536	103836	5904	89220	8712	654	374
75272	631877	88666	410307	132863	14288	18343
6085	52856	17510	22876	12470	747	739

系统及单位 System and institute	合计 Total	人员支出 Personnel expenditure	基本工资 Basic salary	补助工资 Subsidiary salary	其他工资 Other salaries
上海天文台 Shanghai Observatory	29763	10849	1125	2627	915
上海硅酸盐研究所 Shanghai Inst. of Ceramics	76047	29431	2748	3169	2122
上海有机化学研究所 Shanghai Inst. of Organic Chemistry	66665	19509	2211	8012	
上海生命科学研究院 Shanghai Institutes for Biological Sciences	165192	68749	7412	23112	4126
上海微系统与信息技术研究所 Shanghai Inst. of Microsystem and Information Technology	98234	22500	2417	2402	1950
上海光学精密机械研究所 Shanghai Inst. of Optics and Fine Mechanics	99408	25082	3667	8254	882
上海技术物理研究所 Shanghai Inst. of Technical Physics	120211	33351	3450	11377	427
上海药物研究所 Shanghai Inst. of Materia Medica	94558	33962	2915	10782	7500
上海高等研究院 Shanghai Advanced Research Institute	54117	17657	1875	5860	630
上海微小卫星创新研究院 Innovation Academy for Microsatellites	4954	2890	385	167	
福建物质结构研究所 Fujian Inst. of Research on the Structure of Matter	67224	29513	3444	12169	1005
宁波材料技术与工程研究所 Ningbo Inst. of Material Technology and Engineering	44819	17533	1607	4287	171
江苏省 Jiangsu Province	128213	48763	6842	13312	553
紫金山天文台 Purple Mountain Observatory	40728	15918	2547	4364	199
南京地理与湖泊研究所 Nanjing Inst. of Geography and Limnology	25966	8746	1145	2690	133
南京地质古生物研究所 Nanjing Inst. of Geology and Palaeontology	17447	6530	893	1926	221
南京土壤研究所 Nanjing Inst. of Soil Science	29591	12185	1607	3613	
苏州生物医学工程技术研究所 Suzhou Inst. of Biomedical Engineering and Technology	14481	5384	650	719	
安徽省 Anhui Province	185683	58435	8826	15936	835
合肥物质科学研究院 Hefei Institutes of Physical Science	185683	58435	8826	15936	835

续表 4-3

社会保障费 Social security expenditure	公用支出 Public expenditure	公共运行费 Expenditure for public operation	科研业务费 Expenditure for professional activity	固定资产购置费 Expenditure for purchasing equipment	专款支出 Designated expenditure	经营支出 Operating expenditure
3199	18687	2420	12987	3280	62	165
6060	45451	5189	25853	14409	421	744
5119	46556	5178	32020	9358	380	220
13614	93305	19663	59760	13853	3138	
5471	69231	12508	34686	22037	189	6314
6085	66047	3899	54187	7961	455	7824
7872	86736	1400	76705	8631	124	
6751	60079	7297	35051	17731	517	
3545	35422	6764	23704	4941	2	1036
752	2064	1523	541			
6980	34228	4089	19485	10655	2182	1301
3739	21215	1226	12452	7537	6071	
9367	77503	6221	50569	20714	1687	260
2606	24611	1367	14204	9040	133	66
1319	16873	1165	11777	3931	161	186
1495	10801	937	6479	3386	108	8
1944	17316	2208	12065	3043	90	
2003	7902	544	6044	1314	1195	
11806	114075	8558	84412	19870	808	12365
11806	114075	8558	84412	19870	808	12365

系统及单位 System and institute	合计 Total	人员支出 Personnel expenditure	基本工资 Basic salary	补助工资 Subsidiary salary	其他工资 Other salaries
湖北省 Hubei Province	147968	62191	7757	10150	1468
武汉物理与数学研究所 Wuhan Inst. of Physics and Mathematics	31872	14235	1958	2671	301
武汉岩土力学研究所 Wuhan Inst. of Rock and Soil Mechanics	31145	16884	1562	2553	371
测量与地球物理研究所 Inst. of Geodesy and Geophysics	10394	5104	876	1200	114
武汉植物园 Wuhan Botanical Garden	18918	7829	1001	559	526
水生生物研究所 Inst. of Hydrobiology	35675	11411	1443	1905	156
武汉病毒研究所 Wuhan Inst. of Virology	19964	6728	917	1262	
广东省、湖南省 Guangdong Province and Hunan Province	266824	101757	19603	18083	14611
广州地球化学研究所 Guangzhou Inst. of Geochemistry	39518	12295	2486	1586	154
南海海洋研究所 South China Sea Inst. of Oceanology	70102	24422	2382	5588	2008
华南植物园 South China Botanical Garden	30180	14411	1709	3417	1764
广州能源研究所 Guangzhou Inst. of Energy Conversion	79672	34943	11720	3629	8297
广州生物医药与健康研究院 Guangzhou Institutes of Biomedicine and Health	31834	9867	529	2472	2149
亚热带农业生态研究所 Inst. of Subtropical Agriculture	15518	5819	777	1391	239
四川省 Sichuan Province	134563	55563	7890	8658	893
成都山地灾害与环境研究所 Chengdu Inst. of Mountain Hazards and Environment	20911	7142	1327	1651	318
成都生物研究所 Chengdu Inst. of Biology	20431	10435	1562	2322	231
光电技术研究所 Inst. of Optics and Electronics	93221	37986	5001	4685	344
重庆市 Chongqing	16518	6609	1259	3084	
重庆绿色智能技术研究院 Chongqing Institutes of Green and Intelligent Technology	16518	6609	1259	3084	

续表 4-3

社会保障费 Social security expenditure	公用支出 Public expenditure	公共运行费 Expenditure for public operation	科研业务费 Expenditure for professional activity	固定资产购置费 Expenditure for purchasing equipment	专款支出 Designated expenditure	经营支出 Operating expenditure
5080	83321	12159	49916	17860	2456	
806	17552	1767	8084	5123	85	
867	14241	1361	10581	2299	20	
524	5276	1221	3469	586	14	
944	9018	3210	5290	518	2071	
835	24205	3385	13931	6114	59	
1104	13029	1215	8561	3220	207	
11101	157809	11342	99897	42880	5031	2227
755	25868	1696	15406	8765	644	711
1861	43820	1456	32324	10040	1560	300
1306	13341	2657	7368	2757	1348	1080
4841	43373	3843	23832	12568	1220	136
1353	21714	1495	12784	7435	253	
985	9693	195	8183	1315	6	
12532	78112	10707	60643	6666	670	218
1101	13696	640	11826	1230	73	
1878	9707	750	6844	2017	289	
9553	54709	9317	41973	3419	308	218
701	9748	1224	5888	2635		161
701	9748	1224	5888	2635		161

系统及单位 System and institute	合计 Total	人员支出 Personnel expenditure	基本工资 Basic salary	补助工资 Subsidiary salary	其他工资 Other salaries
云南省、贵州省 Yunnan Province and Guizhou Province	122587	49977	6383	11184	4682
昆明植物研究所 Kunming Inst. of Botany	35937	15933	1794	1985	1780
昆明动物研究所 Kunming Inst. of Zoology	31899	8550	1264	2739	673
西双版纳热带植物园 Xishuangbanna Tropical Botanical Garden	26969	14569	1535	3928	2229
地球化学研究所 Inst. of Geochemistry	27782	10925	1790	2532	
陕西省 Shaanxi Province	114485	40703	5695	10013	1796
西安光学精密机械研究所 Xi'an Inst. of Optics and Precision Mechanics	74617	26726	3443	5541	1026
地球环境研究所 Inst. of Earth Environment	16202	4306	577	1704	194
国家授时中心 National Time Service Center	23666	9671	1675	2768	576
甘肃省、青海省 Gansu Province and Qinghai Province	170508	64000	10128	16077	1322
近代物理研究所 Inst. of Modern Physics	63594	19127	2914	2986	242
兰州化学物理研究所 Lanzhou Inst. of Chemical Physics	29360	14366	2549	3756	722
寒区旱区环境与工程研究所 Cold and Arid Regions Environmental and Engineering Research Inst.	52508	17434	2782	5509	
青海盐湖研究所 Qinghai Inst. of Saline Lakes	11793	6841	1088	1728	120
西北高原生物研究所 Northwest Inst. of Plateau Biology	13253	6232	795	2098	238
新疆维吾尔自治区 Xinjiang Uygur Autonomous Region	51377	17516	2547	4107	402
新疆理化技术研究所 Xinjiang Technical Inst. of Physics and Chemistry	19738	7162	893	2173	260
新疆生态与地理研究所 Xinjiang Inst. of Ecology and Geography	31639	10354	1654	1934	142

注：由于青岛生物能源与过程研究所、烟台海岸带研究所、城市环境研究所、苏州纳米技术与纳米仿生

Note: Considering that the financial accounts of Qingdao Inst. of Bioenergy and Bioprocess Technology, Yantai Inst. Institutes of Advanced Technology are still affiliated to other units, they are not listed separately.

续表 4-3

社会保障费 Social security expenditure	公用支出 Public expenditure	公共运行费 Expenditure for public operation	科研业务费 Expenditure for professional activity	固定资产购置费 Expenditure for purchasing equipment	专款支出 Designated expenditure	经营支出 Operating expenditure
6612	68428	7892	40811	19724	2988	1194
1593	19178	3696	10676	4805	826	
941	22410	1208	12485	8718	939	
2158	11796	2450	6695	2651	604	
1920	15044	538	10955	3550	619	1194
4777	72395	4160	57263	10345	649	738
3826	46514	3592	40702	2220	639	738
478	11895	381	8215	3046	1	
473	13986	187	8346	5079	9	
7763	92701	13010	53349	26342	12399	1408
3034	32678	4780	17397	10501	11507	282
1480	14421	2178	8749	3494	359	214
1728	34134	3207	21318	9609	457	483
1009	4661	1109	1875	1677	53	238
512	6807	1736	4010	1061	23	191
5062	33510	5122	19192	9196	351	
2188	12548	1454	6851	4243	28	
2874	20962	3668	12341	4953	323	

研究所、深圳先进技术研究院财务账户仍然下挂在其他单位，故未单独列出。
of Coastal Zone Research, Inst. of Urban Environment, Suzhou Inst. of Nano-Tech and Nano-Bionics and Shenzhen

主要统计指标解释

1. 事业单位总收入情况

财政补助收入 指单位从财政部门取得的科学事业费、房改经费。

拨入专款 指单位从没有直接部门预算管理关系的财政部门、上级单位或其他单位取得的有指定用途的专项资金，如从人事部取得的政府津贴、院士津贴。

事业收入 指单位开展专业业务活动及其辅助活动取得的收入，包括科研收入、技术收入、学术活动收入、科普活动收入、试制产品收入、预算外资金收入等。

科研收入 指单位承担科研课题（项目）和接受委托研制样品样机取得的收入，包括事业单位承担国家科研项目取得的收入，如国家“科技三项费用”项目、国家自然科学基金项目、“863”项目等；同时包括事业单位承担地方有关部门及企业的各类科研任务取得的收入。

技术收入 指单位对外提供技术转让、技术咨询、技术服务、技术培训、技术承包和技术开发取得的收入。

试制产品收入 指单位经过国家有关部门批准从事中间试验产品的试制取得的收入（不含“科技三项费用”中的中间试验费）。

预算外资金收入 指单位按照国家有关规定，为履行或代行政府职能，依据国家法律、法规和具有法律效力的规章而收取的纳入预算外资金专户管理的各种行政事业性收费等。

经营收入 指单位在专业业务活动及其辅助活动之外开展非独立核算的经营活动取得的收入，包括产品（商品）销售收入、经营服务收入、工程承包收入、租赁收入和其他经营收入。

其他收入 指单位除上述收入以外的其他收入，如投资收益、利息收入、捐赠收入、上级补助收入、附属单位缴款等。

2. 事业单位总支出情况

人员支出 指单位用各种经费开支的基本工资、补助工资、其他工资、职工福利费、社会保障费、助学金。

基本工资 主要指按国家有关规定支付给工作人员的固定工资及规定比例的津贴。

补助工资 指按国家有关规定支付给工作人员的津贴、补贴，包括各项岗位津贴、价格补贴、地方性补贴、冬季取暖补贴、夜餐补贴、职工上下班交通补贴、加班费等。

其他工资 主要指在基本工资、补助工资之外发给在职人员的属于国家规定工资总额组成范围的各种津贴、补贴。

社会保障费 指按国家有关规定支付给离退休人员的离退休金、津贴、补贴及单位按国家规定缴纳的各项基本社会保险金等。

公用支出 指单位用各种经费开支的公务费、设备购置费、修缮费、业务费及其他费用。

公共运行费 指用于组织和管理专业业务及其辅助活动发生的支出，主要包括办公费、邮电通信费、水电费、维修维护费、物业费、公用取暖费、车船油料费等。

科研业务费 指在开展专业业务及其辅助活动过程中发生的支出，主要包括消耗的各种原材料、计算测试费、燃料动力费、会议费、差旅费、外事活动费等。

固定资产购置费 指不属于基本建设支出，应按固定资产管理的科研、生产、开发、经营以及办公设备的购置支出，主要包括各种仪器设备、车辆、图书等购置费以及按规定提取的修购基金。

结转自筹基建 指单位经国家有关部门批准并纳入基本建设计划，用财政补助收入以外的资金安排的基本建设项目支出。

经营支出 指单位在专业业务活动及其辅助活动之外开展非独立核算经营活动发生的各项支出以及实行内部成本核算单位已销产品的实际成本。

专款支出 指单位用上述“拨入专款”开支的费用。

Explanatory Notes on Key Indicators

1. Total income of CAS institutions

Financial subsidiary income This refers to the operating funds for scientific research, and house subside obtained from the financial departments.

Special funds allocated This refers to the special funds for designated use obtained from the financial departments, higher authorities or other units, such as government allocations and allocations for CAS Members from the Ministry of Personnel Management.

Operating income This refers to the income obtained by performing professional activities and auxiliary work, including scientific research, technology, scientific activities, popular science activities and production of pilot products, and income from non-budgetary funds.

Scientific research income This refers to the income acquired by undertaking scientific research tasks (projects) and accepting assignments to develop samples and prototypes. It includes income for undertaking State scientific research projects, such as the “Three sums of science and technology funds”, “National Natural Science Foundation funds”, “863” Program funds, etc. It also includes income obtained from the local departments and enterprises by the institutions by undertaking various research tasks.

Technology income This refers to the income obtained from offering external technology transfer, technology consultation, technology service, technology training, technology contracting and technology development.

Income from trial-production of products This refers to the income obtained by producing pilot experimental products (not including allowance for pilot experiments in the “three sums of science and technology funds”) approved by the relevant State departments.

Income from non-budgetary funds This refers to various kinds of revenues (which are not included in the State budgetary management system) collected by the institution in performing or acting the functions on government behalf according to the State laws, regulations and rules which have the legal effects.

Business income This refers to the income acquired by carrying out non-independent accounting business activities other than professional and auxiliary work, including product (commodity) sales income, business service income, project contracting income, renting income and other business income.

Other income This refers to income other than the above-mentioned items, such as income from investment, interest, donation, subsidies from superior organizations, funds provided by affiliated units, etc.

2. Total expenditure of CAS institutions

Personnel expenditure This refers to the spending from various kinds of funds, such as basic salary, subsidiary salary and other salaries, welfare expenditure, social security expenditure, and people's grant-in-aid.

Basic salary This refers to the basic salary and proportioned allowance paid to the staff according to the relevant State policies.

Subsidiary salary This refers to the allowance and subsidies paid to the staff according to the relevant State policies, including working post allowance, inflation subsidies, local allowance, allowance for winter heating, night snack allowance, traffic allowance for the staff to and back from work, and overtime pay, etc.

Other salaries This mainly refers to the allowances and subsidies paid to the on-job staff, which is the components of the total salary set according to the relevant State policies. This item is not included in the basic salary and subsidiary salary.

Social security expenditure This refers to the pension, allowance or subsidies paid to the retired personnel according to the relevant State policy, and various basic social insurance premium paid by the units according to the State policy.

Public expenditure This refers to the spending from various kind of funds, such as official business spending, expenditure for professional activities, expenditure for purchasing equipment, renovation fees and others.

Expenditure for public operation This refers to the expenses for organizing and managing professional work and auxiliary activities, mainly including expenses on administration, postage and communications, water and electricity, repair maintenance, property costs, winter heating, vehicles and fuel, etc.

Expenditure for professional activity This refers to the expenses occurred in the process of carrying out professional work and auxiliary activities, mainly including raw and processed materials consumed, computation and testing, fuel and power, expenses for attending conferences and making business trips, etc.

Expenditure for purchasing equipment This refers to the expenses spent on equipment purchasing for scientific research, production, development, business operation and office instruments, which does not fall into the category of capital construction expenditure and is managed as fixed assets. It mainly includes expenses for purchasing various kinds of instruments and equipment, vehicles, books, etc., according to the relevant policies.

Balanced and transferred self-raised capital construction funds This refers to the expenditure from non financial subsidiary funds for capital construction projects which are approved by the State departments concerned and which are included in the capital construction plan of the year.

Operating expenditure This refers to the expenses occurred in the process of carrying out non-independent accounting business activities other than professional and auxiliary work, as well as the actual cost of products sold by those internal cost-accounting units.

Designated expenditure This refers to the expenses paid from above-mentioned "Designated funds".

五、基本建设

CAPITAL CONSTRUCTION

5-1 基本建设总体情况

General Information of Capital Construction

年份 Year	完成投资（万元）Investment completed (ten thousand yuan)	国家及院拨款 State & CAS funds	建设单位自筹 Self-raised funds by construction unit	贷款 Loan	竣工面积（万平方米）Floor space completed (ten thousand square meter)
1950～1952	276				2.05
1953～1957	9123				51.23
1958～1962	20972				79.4
1963～1965	12600				33.88
1966～1970	9139				15.37
1971～1975	7835				56.66
1976	2500				8.23
1977	3347				15.09
1978	8454				20.47
1979	18426				33.28
1980	17579				36.19
1981	13600				36.78
1982	15039				34.66
1983	14537				27.04
1984	16114				32.83
1985	17108	346			24.23
1986	21908	252			28.3
1987	27412	281			20.31
1988	28266	240			24.7
1989	29384	240			29.87
1990	23484	240			37.36
1991	30306	1971			23.17
1992	36636	5000			28.72
1993	38427	4809		3100	25.83
1994	40787	10000		3000	23.95
1995	44480	10000		2600	23.51
1996	48122	15982		700	22.66
1997	65936	25346			24.81
1998	91409	32387			29.46
1999	103721	48879			32.84
2000	140591	74192			45.3
2001	221479	95910	124869	700	53.88
2002	314274	175092	130111	9071	84.78
2003	342450	197664	144786		70.05
2004	242432	178013	62015	2405	76.02
2005	227700	161675	66025		42.41
2006	251892	143700	108192		55.58
2007	211400	113400	98000		41.89
2008	273500	145200	128300		43.48
2009	431000	296700	134300		15.58
2010	456711	314266	142445		52.21
2011	444239	290078	154161		41.42
2012	442370	269812	172558		56.89
2013	131659	107020	24639		43.84
2014	289250	244491	44759		13.94
2015	384786	227035	157751		60.03
2016	363637	289248	74389		45.64
2017	310087	263507	46580		67.63
2018	270214	211050	59164		35.46

5-2　基本建设投资完成情况（2018 年）
Capital Construction Expenditure: 2018

单位：万元　　　　（ten thousand yuan）

项目 Project	完成投资 Investment completed	国家及院拨款 State & CAS funds	建设单位自筹 Self-raised funds by construction unit	贷款 Loan
总计 Total	**270214**	**211050**	**59164**	
一、重大科技基础设施 Large research infrastructure	101850	101850		
二、科教基础设施改造建设项目 Infrastructure renovation & construction of research and education	78186	50000	28186	
三、修购项目 Commercialized projects	59200	59200		
四、引进人才项目 Talent programmes				
五、其他专项 Other designated projects	30978		30978	

5-3　基本建设建筑面积完成情况（2018 年）
Floor Space Completed: 2018

单位：万平方米　　　　（ten thousand square meter）

项目 Project	在建面积 Floor space under construction	新开面积 Floor space started	竣工面积 Floor space completed	改造面积 Floor space reconstructed
总计 Total	**47.72**	**20.85**	**35.46**	**10.74**
一、重大科技基础设施 Large research infrastructure	17.1	5.74	3.32	
二、科教基础设施改造建设项目 Infrastructure renovation & construction of research and education	16.25	2.98	21.4	
三、修购项目 Commercialized projects	14.37	12.13	10.74	10.74
四、引进人才项目 Talent programmes				
五、其他专项 Other designated projects				

六、科技活动

SCIENTIFIC AND TECHNOLOGICAL ACTIVITIES

6-1 科研机构人员概况

Staff of CAS Research Institutions

年份 Year	在职职工 （人） Regular staff (person)	从事科技活动人员 S&T activity personnel	其中：女性 Of which: Female	科学家和工程师 Scientists & engineers
1985	69650	58220	19820	32174
1986	70510	60107	20509	34495
1987	66855	53727	18410	35034
1988	67554	56939	19419	36648
1989	67451	56895	19209	37587
1990	67547	56199	18536	38133
1991	67558	56029	18645	37668
1992	66608	54293	18070	37642
1993	64273	50584	16856	36199
1994	61641	46344	15393	33749
1995	59008	42934	14186	32446
1996	56245	41392	13598	32032
1997	53191	38104	12484	29798
1998	50271	33963	11373	27139
1999	47487	31205	10290	25450
2000	44772	29648	9547	24426
2001	40853	26391	8376	22105
2002	36679	23600	7455	20225
2003	35201	23218	7398	19108
2004	34847	23830	7550	20027
2005	35394	24755	7840	20446
2006	36085	25914	8281	21558
2007	36684	27315	8846	25347
2008	42558	33642	11660	31639
2009	46959	38642	12908	35366
2010	49968	42306	14171	
2011	52678	45566	15469	
2012	56531	50143	17197	
2013	59663	53814	18452	
2014	59779	57398	19681	
2015	60051	58136	20116	
2016	60717	58675	20547	
2017	61012	59522	20790	
2018	61026	59905	20867	

S&T—Science and Technology.

注：自 2008 年起，科研机构在职职工的统计范围是指科研机构中在编职工和项目聘用人员。

Note: Since 2008, the number of regular staff of research institution includes both the regular staff of all CAS institutions and the staff by project contract.

6-2 科研机构职工按工作性质分类（2018年）

Statistics of CAS Staff, by Nature of Work: 2018

单位：人 （person）

地区及学科 Region and field	从事科技活动人员 S&T activity personnel	科技管理人员 S&T management personnel	课题活动人员 Project activity personnel	科技服务人员 S&T service personnel	从事生产经营活动人员 Production and business activity personnel	其他人员 Other personnel
总计 Total	**59905**	**6345**	**41361**	**12199**	**88**	**1033**
一、按地区、分院分 By region and branch						
北京分院（筹） Beijing Branch	22162	2477	16663	3022	65	447
沈阳分院 Shenyang Branch	5839	503	3426	1910		63
长春分院 Changchun Branch	3258	275	2169	814		57
上海分院 Shanghai Branch	10220	1037	7368	1815	9	81
南京分院 Nanjing Branch	1921	204	1270	447		42
合肥地区 Hefei Area	2627	312	1650	665		
武汉分院 Wuhan Branch	1667	206	1016	445		108
广州分院 Guangzhou Branch	3591	427	2363	801		19
成都分院 Chengdu Branch	2034	189	1309	536		90
昆明分院 Kunming Branch	1728	205	884	639		48

续表 6-2

地区及学科 Region and field	从事科技活动人员 S&T activity personnel	科技管理人员 S&T management personnel	课题活动人员 Project activity personnel	科技服务人员 S&T service personnel	从事生产经营活动人员 Production and business activity personnel	其他人员 Other personnel
西安分院 Xi'an Branch	1545	168	989	388		47
兰州分院 Lanzhou Branch	2525	272	1732	521	14	27
新疆分院 Xinjiang Branch	788	70	522	196		4
二、按学科分 By field						
数学、物理 Mathematics & physics	11618	1450	7714	2454	14	182
化学与化工 Chemistry & chemical engineering	8089	826	5511	1752		144
地学 Earth sciences	8076	894	5373	1809		135
生物学 Biological sciences	11121	1268	7207	2646		186
技术科学 Technological sciences	20704	1859	15336	3509	74	377
其他 Others	297	48	220	29		9

6-3 科研机构科技

Total Income of S&T Activities in

单位：千元

地区及学科 Region and field	科技活动收入 Total income of S&T activities	政府资金 Government funds	财政补助收入 Income from government subsidy	承担政府科研项目收入 Income from undertaking government research projects
总计 Total	**59463910**	**47736955**	**28263297**	**16403006**
一、按地区、分院分 By region and branch				
北京分院（筹） Beijing Branch	24915756	20981278	12046683	8130957
沈阳分院 Shenyang Branch	5138713	3105560	1864467	914721
长春分院 Changchun Branch	2788857	2608894	845038	1710390
上海分院 Shanghai Branch	12203721	9632918	6528263	2276535
南京分院 Nanjing Branch	1903288	1529135	954913	407926
合肥地区 Hefei Area	1898496	1258979	743051	452294
武汉分院 Wuhan Branch	1554894	1290762	880419	306862
广州分院 Guangzhou Branch	3012948	2676771	1440985	834345

活动收入（2018年）

CAS Research Institutions: 2018

（thousand yuan）

地方政府资金 Funds from local government	技术性收入 Technical income	其中：来自企业 Of which: from enterprises	国外资金 Funds from abroad	用于科技活动的贷款 Loans for S&T activities
6012695	**8317612**	**3458840**	**120490**	**76022**
1282349	2947106	996415	26017	66522
247811	1274740	876691	26130	
44189	147131	38520	1606	
2828664	1677496	846042	39296	
191176	311945	151402	5795	
62252	399779	95699		
111902	170231	87435	3499	9500
782801	260535	144033	13203	

地区及学科 Region and field	科技活动收入 Total income of S&T activities	政府资金 Government funds	财政补助收入 Income from government subsidy	承担政府科研项目收入 Income from undertaking government research projects
成都分院 Chengdu Branch	1637998	1027933	550447	417661
昆明分院 Kunming Branch	1164976	968872	682540	190907
西安分院 Xi'an Branch	1212436	800322	517768	214662
兰州分院 Lanzhou Branch	1549533	1415128	909236	448246
新疆分院 Xinjiang Branch	482294	440403	299487	97500
二、按学科分 By field				
数学、物理 Mathematics & physics	11467914	9728300	5996835	3254794
化学与化工 Chemistry & chemical engineering	7274707	5217992	3352095	1389884
地学 Earth sciences	7732505	6942765	4439157	2090635
生物学 Biological sciences	11132886	9044381	5789087	2166510
技术科学 Technological sciences	21593016	16562740	8509209	7438566
其他 Others	262882	240777	176914	62617

续表 6-3

地方政府资金 Funds from local government	技术性收入 Technical income	其中：来自企业 Of which: from enterprises	国外资金 Funds from abroad	用于科技活动的贷款 Loans for S&T activities
82246	543238	143451	1105	
76852	173889	21318	2586	
40972	343439	7845		
218347	27060	24077	386	
43134	41023	25912	867	
528382	1132690	293183	12137	
501019	1709101	1137321	30380	
451105	677102	202705	5950	
1105167	1481639	481988	62869	9500
3398887	3312743	1341266	8196	66522
28135	4337	2377	958	

地区及学科 Region and field	科技活动收入 Total income of S&T activities	政府资金 Government funds	财政补助收入 Income from government subsidy	承担政府科研项目收入 Income from undertaking government research projects
三、按科研单位分 By institute				
北京市、天津市、山西省 Beijing, Tianjin and Shanxi Province				
数学与系统科学研究院 Academy of Mathematics and Systems Science	366244	325193	220336	99782
物理研究所 Inst. of Physics	1033294	891874	420301	425528
声学研究所 Inst. of Acoustics	1175525	958308	301966	633960
理论物理研究所 Inst. of Theoretical Physics	84158	84158	44468	38776
理化技术研究所 Technical Inst. of Physics and Chemistry	778803	656040	329371	324049
高能物理研究所 Inst. of High Energy Physics	1558617	1460684	1068112	226097
国家天文台 National Astronomical Observatories	1031319	864348	660138	194121
力学研究所 Inst. of Mechanics	661152	601860	417823	176682
化学研究所 Inst. of Chemistry	738903	597495	398941	174842
生态环境研究中心 Research Center for Eco-Environmental Sciences	739356	541052	335451	165981
国家纳米科学中心 National Center for Nanoscience and Technology	301710	248383	174515	70334
过程工程研究所 Inst. of Process Engineering	584417	439585	295732	126048

续表 6-3

地方政府资金 Funds from local government	技术性收入 Technical income	其中：来自企业 Of which: from enterprises	国外资金 Funds from abroad	用于科技活动的贷款 Loans for S&T activities
7302	31357			
32397	40816	7561	669	
18797	142331	32571		
7889	83658		2142	
158643	61846	35162	7012	
10596	105801	9905	2085	
43000	41643	12655		
15877	71646	49500		
29196	181633	81734	310	
3535	51917	40097	1410	
17805	143752	74412	1080	

地区及学科 Region and field	科技活动收入 Total income of S&T activities	政府资金 Government funds	财政补助收入 Income from government subsidy	承担政府科研项目收入 Income from undertaking government research projects
地理科学与资源研究所 Inst. of Geographic Sciences and Natural Resources Research	976897	968978	494181	458732
青藏高原研究所 Inst. of Tibetan Plateau Research	295540	288067	228897	56240
地质与地球物理研究所 Inst. of Geology and Geophysics	846986	809665	623874	185761
古脊椎动物与古人类研究所 Inst. of Vertebrate Paleontology and Paleoanthropology	158853	141150	106449	22532
大气物理研究所 Inst. of Atmospheric Physics	567659	542024	232771	244345
遥感与数字地球研究所 Inst. of Remote Sensing and Digital Earth	678496	518939	411839	90159
植物研究所 Inst. of Botany	464221	387267	302272	72635
动物研究所 Inst. of Zoology	787378	787378	574202	166525
心理研究所 Inst. of Psychology	356737	113719	75829	29507
微生物研究所 Inst. of Microbiology	434286	354894	210383	140862
生物物理研究所 Inst. of Biophysics	707087	671794	422250	233114
遗传与发育生物学研究所 Inst. of Genetics and Developmental Biology	729707	688090	421167	261599

续表 6-3

地方政府资金 Funds from local government	技术性收入 Technical income	其中：来自企业 Of which: from enterprises	国外资金 Funds from abroad	用于科技活动的贷款 Loans for S&T activities
16065	1717			
2573	7473	400		
1235	23369	21412		
11721	10526		1092	
59974	24107	534	980	
13539	152941	17481	1096	
12360	73633	4130	1446	
43449				
8383	237994			
4740	73536	34850	578	
16430	26201	14697	2285	
	27627			

地区及学科 Region and field	科技活动收入 Total income of S&T activities	政府资金 Government funds	财政补助收入 Income from government subsidy	承担政府科研项目收入 Income from undertaking government research projects
北京基因组研究所 Beijing Inst. of Genomics	158305	149028	100594	44925
计算技术研究所 Inst. of Computing Technology	548352	466380	218961	228540
软件研究所 Inst. of Software	414948	298471	199374	81092
信息工程研究所 Inst.of Information Engineering	858990	816637	202538	613632
半导体研究所 Inst. of Semiconductors	662700	529824	246389	252401
微电子研究所 Inst. of Microelectronics	605031	496402	290583	190989
电子学研究所 Inst. of Electronics	1685453	1228625	428091	796094
光电研究院 Academy of Opto-Electronics	419132	374995	291496	65677
电工研究所 Inst. of Electrical Engineering	518434	426433	274124	135481
工程热物理研究所 Inst. of Engineering Thermophysics	673576	544130	228586	315544
国家空间科学中心 National Space Science Center	639127	376568	129484	239782
空间应用工程与技术中心 Technology and Engineering Center for Space Utilization	394866	294488	89482	204999
自动化研究所 Inst. of Automation	610511	459945	200525	216491

地方政府资金 Funds from local government	技术性收入 Technical income	其中：来自企业 Of which: from enterprises	国外资金 Funds from abroad	用于科技活动的贷款 Loans for S&T activities
3509	9027		250	
18879	11268	5103		
18005	73467	61488	274	
96150	42353	42353		
30045	91723			
13202	95171	76137		
4440	403949			66522
	44137			
22997	92001	92001		
205200	129446	116063		
6934	162258	11309		
205006	6250			
42929	98844	98844	1227	

地区及学科 Region and field	科技活动收入 Total income of S&T activities	政府资金 Government funds	财政补助收入 Income from government subsidy	承担政府科研项目收入 Income from undertaking government research projects
自然科学史研究所 Inst. of History of Natural Sciences	36039	34032	32117	670
科技战略咨询研究院 Inst. of Science and Development	226843	206745	144797	61947
北京综合研究中心 Beijing Advanced Sciences and Innovation Centre	2569	2569	2569	
天津工业生物技术研究所 Tianjin Inst. of Industrial Biotechnology	125698	98409	68881	29528
山西煤炭化学研究所 Shanxi Inst. of Coal Chemistry	277837	236652	126824	34954
辽宁省、山东省 Liaoning Province and Shandong Province				
大连化学物理研究所 Dalian Inst. of Chemical Physics	1319099	936715	603332	245907
沈阳应用生态研究所 Shenyang Inst. of Applied Ecology	245366	159239	14350	49159
沈阳自动化研究所 Shenyang Inst. of Automation	1500882	527139	315507	191471
金属研究所 Inst. of Metal Research	1045696	579919	327169	230663
海洋研究所 Inst. of Oceanology	646207	564350	405702	105461
青岛生物能源与过程研究所 Qingdao Inst. of Bioenergy and Bioprocess Technology	265603	234749	129747	65829
烟台海岸带研究所 Yantai Inst. of Coastal Zone Research	115860	103449	68660	26231

地方政府资金 Funds from local government	技术性收入 Technical income	其中：来自企业 Of which: from enterprises	国外资金 Funds from abroad	用于科技活动的贷款 Loans for S&T activities
1245	1960			
26890	2377	2377	958	
16505	27289	27289		
34907	40062	26350	1123	
72349	357854	353688	24530	
20941	86127	14640		
19624	256747	109805		
30257	463515	361710		
53187	73832	17906		
39173	26389	15479	1600	
12280	10276	3463		

地区及学科 Region and field	科技活动收入 Total income of S&T activities	政府资金 Government funds	财政补助收入 Income from government subsidy	承担政府科研项目收入 Income from undertaking government research projects
吉林省 Jilin Province				
长春应用化学研究所 Changchun Inst. of Applied Chemistry	550243	445278	293635	121779
东北地理与农业生态研究所 Northeast Inst. of Geography and Agroecology	237344	215985	121582	77672
长春光学精密机械与物理研究所 Changchun Inst. of Optics，Fine Mechanics and Physics	2001270	1947631	429821	1510939
上海市、福建省、浙江省 Shanghai, Fujian Province and Zhejiang Province				
上海应用物理研究所 Shanghai Inst. of Applied Physics	730635	699290	588848	93527
上海天文台 Shanghai Observatory	364430	277824	124728	136521
上海硅酸盐研究所 Shanghai Inst. of Ceramics	847306	369692	251787	98188
上海有机化学研究所 Shanghai Inst. of Organic Chemistry	660102	479886	320389	104708
上海生命科学研究院 Shanghai Institutes for Biological Sciences	2000663	1812734	1131811	320641
上海微系统与信息技术研究所 Shanghai Inst. of Microsystem and Information Technology	857647	512920	512920	
上海光学精密机械研究所 Shanghai Inst. of Optics and Fine Mechanics	945100	718657	320960	364734
上海技术物理研究所 Shanghai Inst. of Technical Physics	1199866	1114211	351407	761561
上海药物研究所 Shanghai Inst. of Materia Medica	1223343	659602	399687	190093

地方政府资金 Funds from local government	技术性收入 Technical income	其中：来自企业 Of which: from enterprises	国外资金 Funds from abroad	用于科技活动的贷款 Loans for S&T activities
28663	103823	30260	1142	
15126	18439	8260	464	
400	24869			
10143	29825	29825		
16575	83857	6096	73	
19717	457295	214359	236	
50128	127799	127799	549	
336095	166877	3146	8914	
	48673	48673		
32316	206123	25123	302	
14903	58445			
69822	230211	222344	25993	

地区及学科 Region and field	科技活动收入 Total income of S&T activities	政府资金 Government funds	财政补助收入 Income from government subsidy	承担政府科研项目收入 Income from undertaking government research projects
上海高等研究院 Shanghai Advanced Research Institute	511776	393124	308031	33017
微小卫星创新研究院 Innovation Academy for Microsatellites of CAS	1771872	1771872	1771872	
宁波材料技术与工程研究所 Ningbo Inst. of Material Technology and Engineering	514999	423012	171248	65101
福建物质结构研究所 Fujian Inst. of Research on the Structure of Matter	420116	329906	208613	104218
城市环境研究所 Inst. of Urban Environment	155866	70188	65962	4226
江苏省 Jiangsu Province				
紫金山天文台 Purple Mountain Observatory	311791	294421	212004	82417
南京地理与湖泊研究所 Nanjing Inst. of Geography and Limnology	276978	262984	123341	94162
南京地质古生物研究所 Nanjing Inst. of Geology and Palaeontology	193672	171166	129411	18094
南京土壤研究所 Nanjing Inst. of Soil Science	615508	452424	325338	82048
苏州纳米技术与纳米仿生研究所 Suzhou Inst. of Nano-Tech and Nano-Bionics	390939	252352	122463	77773
苏州生物医学工程技术研究所 Suzhou Inst. of Biomedical Engineering and Technology	114400	95788	42356	53432
安徽省 Anhui Province				

续表 6-3

地方政府资金 Funds from local government	技术性收入 Technical income	其中：来自企业 Of which: from enterprises	国外资金 Funds from abroad	用于科技活动的贷款 Loans for S&T activities
207532	97297	23412	3229	
1759251				
186663	78547	78198		
121293	36968	36968		
4226	55579	30099		
	5897			
45321	493			
1531	19250	718	43	
38776	142206	38070	5752	
52116	125487	94002		
53432	18612	18612		

地区及学科 Region and field	科技活动收入 Total income of S&T activities	政府资金 Government funds	财政补助收入 Income from government subsidy	承担政府科研项目收入 Income from undertaking government research projects
合肥物质科学研究院 Hefei Institutes of Physical Sciences	1898496	1258979	743051	452294
湖北省 Hubei Province				
武汉物理与数学研究所 Wuhan Inst. of Physics and Mathematics	346497	313854	173211	128024
武汉岩土力学研究所 Wuhan Inst. of Rock and Soil Mechanics	273673	225814	133521	43166
测量与地球物理研究所 Inst. of Geodesy and Geophysics	129415	121637	70059	43996
武汉植物园 Wuhan Botanical Garden	179740	143353	125275	15972
水生生物研究所 Inst. of Hydrobiology	361458	236649	189208	32895
武汉病毒研究所 Wuhan Inst. of Virology	264111	249455	189145	42809
广东省、湖南省、海南省 Guangdong Province, Hunan Province and Hainan Province				
广州地球化学研究所 Guangzhou Inst. of Geochemistry	326161	317967	187744	130223
南海海洋研究所 South China Sea Inst. of Oceanology	644692	563630	354891	120763
华南植物园 South China Botanical Garden	290467	234846	157052	39962

续表 6-3

地方政府资金 Funds from local government	技术性收入 Technical income	其中：来自企业 Of which: from enterprises	国外资金 Funds from abroad	用于科技活动的贷款 Loans for S&T activities
62252	399779	95699		
12619	28735	10392		
48925	40348	30324	156	
7441	7778	4291		
13098	33981	7903	429	
13959	49256	27618	659	9500
15860	10133	6907	2255	
21767	264		43	
83887	75488	58601		
35743	34670	9089	8840	

地区及学科 Region and field	科技活动收入 Total income of S&T activities	政府资金 Government funds	财政补助收入 Income from government subsidy	承担政府科研项目收入 Income from undertaking government research projects
广州能源研究所 Guangzhou Inst. of Energy Conversion	276096	227568	126356	38204
广州生物医药与健康研究院 Guangzhou Institutes of Biomedicine and Health	360132	334370	95521	55328
亚热带农业生态研究所 Inst. of Subtropical Agriculture	163343	118836	67096	34575
深圳先进技术研究院 Shenzhen Institutes of Advanced Technology	624107	552607	191529	349139
深海科学与工程研究所 Inst. of Deep-sea Science and Engineering	327950	326947	260796	66151
四川省、重庆市 Sichuan Province and Chongqing				
成都山地灾害与环境研究所 Chengdu Inst. of Mountain Hazards and Environment	284061	186671	106824	78905
成都生物研究所 Chengdu Inst. of Biology	202197	158455	99557	25689
光电技术研究所 Inst. of Optics and Electronics	965929	563348	261302	294933
重庆绿色智能技术研究院 Chongqing Inst. of Green and Intelligent Technology	185811	119459	82764	18134
云南省、贵州省 Yunnan Province and Guizhou Province				
地球化学研究所 Inst. of Geochemistry	235430	206211	117102	70237
昆明植物研究所 Kunming Inst. of Botany	373563	335098	250959	37059
西双版纳热带植物园 Xishuangbanna Tropical Botanical Garden	258874	160613	122018	25120

续表 6-3

地方政府资金 Funds from local government	技术性收入 Technical income	其中：来自企业 Of which: from enterprises	国外资金 Funds from abroad	用于科技活动的贷款 Loans for S&T activities
63008	35153	35153	2234	
182588	17842	650	555	
17073	25545	3099	601	
359195	71500	37368		
19540	73	73	930	
26356	96411	12851	979	
30216	18685	12147	126	
7113	373402	87444		
18561	54740	31009		
2550	28351			
46706	27365	14520	2471	
11598	92337	436	97	

地区及学科 Region and field	科技活动收入 Total income of S&T activities	政府资金 Government funds	财政补助收入 Income from government subsidy	承担政府科研项目收入 Income from undertaking government research projects
昆明动物研究所 Kunming Inst. of Zoology	297109	266950	192461	58491
陕西省 Shaanxi Province				
国家授时中心 National Time Service Center	199417	195864	136949	10760
西安光学精密机械研究所 Xi'an Inst. of Optics and Precision Mechanics	832895	471428	277894	173797
地球环境研究所 Inst. of Earth Environment	180124	133030	102925	30105
甘肃省、青海省 Gansu Province and Qinghai Province				
近代物理研究所 Inst. of Modern Physics	479001	478161	312277	165884
兰州化学物理研究所 Lanzhou Inst. of Chemical Physics	348291	258009	157094	57097
寒区旱区环境与工程研究所 Cold and Arid Regions Environmental and Engineering Research Inst.	472263	455330	294618	158497
青海盐湖研究所 Qinghai Inst. of Saline Lakes	96388	82987	63319	8055
西北高原生物研究所 Northwest Inst. of Plateau Biology	153590	140641	81928	58713
新疆维吾尔自治区 Xinjiang Uygur Autonomous Region				
新疆理化技术研究所 Xinjiang Technical Inst. of Physics and Chemistry	172293	139059	107162	23206
新疆生态与地理研究所 Xinjiang Inst. of Ecology and Geography	310001	301344	192325	74294

注：1. 表 6-3 与表 6-4 为中华人民共和国科学技术部《科技统计年报》统计口径。

Note: Tables 6-3, 6-4 are based on the specifications of the *S&T Statistical Yearbook* of the Ministry of Science and

2. 表 6-3 与表 6-4 中天津工业生物技术研究所和山西煤炭化学研究所合并到北京分院（筹）。

In Tables 6-3 and 6-4, Tianjin Inst. of Industrial Biotechnology and Shanxi Inst. of Coal Chemistry had been

续表 6-3

地方政府资金 Funds from local government	技术性收入 Technical income	其中：来自企业 Of which: from enterprises	国外资金 Funds from abroad	用于科技活动的贷款 Loans for S&T activities
15998	25836	6362	18	
10760	3553			
16737	292792			
13475	47094	7845		
80075	10			
43820	1782	1782		
24126	15925	15925	386	
11613	9083	6370		
58713	260			
8409	33234	22993		
34725	7789	2919	867	

Technology of the People's Republic of China.

merged into the jurisdiction of Beijing Branch.

6-4 科研机构科技活动经费内部支出情况（2018 年）

Total Internal Expenditure of S&T Activities in CAS Research Institutions: 2018

单位：千元 （thousand yuan）

地区及学科 Region and field	科研活动经费内部支出合计 Total internal expenditure for scientific research activities	人员费用 Personnel cost	设备购置费 Expenditure for purchasing equipment	其他日常支出 Other daily expenditure
总计 Total	**52708964**	**18788618**	**7222262**	**26698084**
一、按地区、分院分 By region and branch				
北京分院（筹） Beijing Branch	21326380	8036115	2784254	10506011
沈阳分院 Shenyang Branch	4478322	1396933	541591	2539798
长春分院 Changchun Branch	2263915	769098	235844	1258973
上海分院 Shanghai Branch	11877526	3732194	1560352	6584980
南京分院 Nanjing Branch	1469857	593651	264979	611227
合肥地区 Hefei Area	1629460	625959	196424	807077
武汉分院 Wuhan Branch	1354758	550956	180109	623693
广州分院 Guangzhou Branch	2889479	982951	558842	1347686
成都分院 Chengdu Branch	1411962	584581	92600	734781
昆明分院 Kunming Branch	1048703	434621	191945	422137
西安分院 Xi’an Branch	1047009	358014	102927	586068
兰州分院 Lanzhou Branch	1404349	544867	433504	425978
新疆分院 Xinjiang Branch	507244	178678	78891	249675
二、按学科分 By field				
数学、物理 Mathematics & physics	10036724	3710656	1720989	4605079

地区及学科 Region and field	科研活动经费内部支出合计 Total internal expenditure for scientific research activities	人员费用 Personnel cost	设备购置费 Expenditure for purchasing equipment	其他日常支出 Other daily expenditure
化学与化工 Chemistry & chemical engineering	7404376	2996535	1204346	3203495
地学 Earth sciences	7106735	2645853	943806	3517076
生物学 Biological sciences	8792655	3323022	1273614	4196019
技术科学 Technological sciences	19114349	6006124	2069454	11038771
其他 Others	254125	106428	10053	137644
三、按科研单位分 By institute				
北京市、天津市、山西省 Beijing, Tianjin and Shanxi Province				
数学与系统科学研究院 Academy of Mathematics and Systems Science	309281	189898	10136	109247
物理研究所 Inst. of Physics	652650	215032	103707	333911
声学研究所 Inst. of Acoustics	961414	331585	48208	581621
理论物理研究所 Inst. of Theoretical Physics	66607	32622	8885	25100
理化技术研究所 Technical Inst. of Physics and Chemistry	719629	254664	389331	75634
高能物理研究所 Inst. of High Energy Physics	1456304	491652	151868	812784
国家天文台 National Astronomical Observatories	1007858	372148	65417	570293
力学研究所 Inst. of Mechanics	467610	118181	117811	231618
化学研究所 Inst. of Chemistry	630347	187467	124903	317977
生态环境研究中心 Research Center for Eco-Environmental Sciences	622684	241292	118816	262576
国家纳米科学中心 National Center for Nanoscience and Technology	304769	93755	57433	153581
过程工程研究所 Inst. of Process Engineering	500613	267968	80132	152513

续表 6-4

地区及学科 Region and field	科研活动经费内部支出合计 Total internal expenditure for scientific research activities	人员费用 Personnel cost	设备购置费 Expenditure for purchasing equipment	其他日常支出 Other daily expenditure
地理科学与资源研究所 Inst. of Geographic Sciences and Natural Resources Research	751245	330344	31191	389710
青藏高原研究所 Inst. of Tibetan Plateau Research	292505	99654	66948	125903
地质与地球物理研究所 Inst. of Geology and Geophysics	851000	272185	79630	499185
古脊椎动物与古人类研究所 Inst. of Vertebrate Paleontology and Paleoanthropology	141017	70816	14777	55424
大气物理研究所 Inst. of Atmospheric Physics	443218	180344	54392	208482
遥感与数字地球研究所 Inst. of Remote Sensing and Digital Earth	615622	258819	40801	316002
植物研究所 Inst. of Botany	484380	186086	79661	218633
动物研究所 Inst. of Zoology	356650	60367	127818	168465
心理研究所 Inst. of Psychology	284634	141497	9295	133842
微生物研究所 Inst. of Microbiology	355622	151396	23342	180884
生物物理研究所 Inst. of Biophysics	572438	221274	131333	219831
遗传与发育生物学研究所 Inst. of Genetics and Developmental Biology	640001	182955	66346	390700
北京基因组研究所 Beijing Inst. of Genomics	143021	37068	8893	97060
计算技术研究所 Inst. of Computing Technology	502497	260303	45082	197112
软件研究所 Inst. of Software	366620	227935	33838	104847
信息工程研究所 Inst.of Information Engineering	665424	362507	47556	255361
半导体研究所 Inst. of Semiconductors	561786	190017	90793	280976
微电子研究所 Inst. of Microelectronics	462227	216959	42677	202591
电子学研究所 Inst. of Electronics	1670751	359294	161026	1150431

地区及学科 Region and field	科研活动经费内部支出合计 Total internal expenditure for scientific research activities	人员费用 Personnel cost	设备购置费 Expenditure for purchasing equipment	其他日常支出 Other daily expenditure
光电研究院 Academy of Opto-Electronics	375668	116688	65412	193568
电工研究所 Inst. of Electrical Engineering	310331	150239	61692	98400
工程热物理研究所 Inst. of Engineering Thermophysics	414330	148434	38143	227753
国家空间科学中心 National Space Science Center	678503	266140	19110	393253
空间应用工程与技术中心 Technology and Engineering Center for Space Utilization	379452	143803	40761	194888
自动化研究所 Inst. of Automation	575208	271533	52643	251032
自然科学史研究所 Inst. of History of Natural Sciences	39725	26267	2248	11210
科技战略咨询研究院 Inst. of Science and Development	214400	80161	7805	126434
北京综合研究中心 Beijing Advanced Sciences and Innovation Centre	23408	13968	1554	7886
天津工业生物技术研究所 Tianjin Inst. of Industrial Biotechnology	135968	71086	19501	45381
山西煤炭化学研究所 Shanxi Inst. of Coal Chemistry	318963	141712	43339	133912
辽宁省、山东省 Liaoning Province and Shandong Province				
大连化学物理研究所 Dalian Inst. of Chemical Physics	1248015	410744	143122	694149
沈阳应用生态研究所 Shenyang Inst. of Applied Ecology	134928	73546	18042	43340
沈阳自动化研究所 Shenyang Inst. of Automation	1276639	273955	100025	902659
金属研究所 Inst. of Metal Research	713918	187375	100948	425595
海洋研究所 Inst. of Oceanology	660519	264779	126325	269415

续表 6-4

地区及学科 Region and field	科研活动经费内部支出合计 Total internal expenditure for scientific research activities	人员费用 Personnel cost	设备购置费 Expenditure for purchasing equipment	其他日常支出 Other daily expenditure
青岛生物能源与过程研究所 Qingdao Inst. of Bioenergy and Bioprocess Technology	320936	135148	40300	145488
烟台海岸带研究所 Yantai Inst. of Coastal Zone Research	123367	51386	12829	59152
吉林省 Jilin Province				
长春应用化学研究所 Changchun Inst. of Applied Chemistry	521385	251278	67837	202270
东北地理与农业生态研究所 Northeast Inst. of Geography and Agroecology	270654	90275	18535	161844
长春光学精密机械与物理研究所 Changchun Inst. of Optics，Fine Mechanics and Physics	1471876	427545	149472	894859
上海市、福建省、浙江省 Shanghai, Fujian Province and Zhejiang Province				
上海应用物理研究所 Shanghai Inst. of Applied Physics	765888	263750	107124	395014
上海天文台 Shanghai Observatory	289290	115041	38407	135842
上海硅酸盐研究所 Shanghai Inst. of Ceramics	745100	275744	144814	324542
上海有机化学研究所 Shanghai Inst. of Organic Chemistry	1283924	550072	187200	546652
上海生命科学研究院 Shanghai Institutes for Biological Sciences	1461495	566118	137717	757660
上海微系统与信息技术研究所 Shanghai Inst. of Microsystem and Information Technology	889521	208883	220369	460269
上海光学精密机械研究所 Shanghai Inst. of Optics and Fine Mechanics	908624	235840	79610	593174
上海技术物理研究所 Shanghai Inst. of Technical Physics	1200398	377788	79634	742976
上海药物研究所 Shanghai Inst. of Materia Medica	927285	369216	177307	380762
上海高等研究院 Shanghai Advanced Research Institute	530716	198703	46383	285630

续表 6-4

地区及学科 Region and field	科研活动经费内部支出合计 Total internal expenditure for scientific research activities	人员费用 Personnel cost	设备购置费 Expenditure for purchasing equipment	其他日常支出 Other daily expenditure
微小卫星创新研究院 Innovation Academy for Microsatellites of CAS	1786913	90324	159323	1537266
宁波材料技术与工程研究所 Ningbo Inst. of Material Technology and Engineering	442053	198185	75923	167945
福建物质结构研究所 Fujian Inst. of Research on the Structure of Matter	478018	248794	85644	143580
城市环境研究所 Inst. of Urban Environment	168301	33736	20897	113668
江苏省 Jiangsu Province				
紫金山天文台 Purple Mountain Observatory	235267	107709	49294	78264
南京地理与湖泊研究所 Nanjing Inst. of Geography and Limnology	244470	85601	39313	119556
南京地质古生物研究所 Nanjing Inst. of Geology and Palaeontology	161448	65432	33854	62162
南京土壤研究所 Nanjing Inst. of Soil Science	285942	126153	29956	129833
苏州纳米技术与纳米仿生研究所 Suzhou Inst. of Nano-Tech and Nano-Bionics	394868	162366	99953	132549
苏州生物医学工程技术研究所 Suzhou Inst. of Biomedical Engineering and Technology	147862	46390	12609	88863
安徽省 Anhui Province				
合肥物质科学研究院 Hefei Institutes of Physical Sciences	1629460	625959	196424	807077
湖北省 Hubei Province				
武汉物理与数学研究所 Wuhan Inst. of Physics and Mathematics	290020	109397	51052	129571
武汉岩土力学研究所 Wuhan Inst. of Rock and Soil Mechanics	281817	154425	21348	106044
测量与地球物理研究所 Inst. of Geodesy and Geophysics	94702	47266	8607	38829
武汉植物园 Wuhan Botanical Garden	171235	73013	5473	92749
水生生物研究所 Inst. of Hydrobiology	333869	114893	61631	157345

续表 6-4

地区及学科 Region and field	科研活动经费内部支出合计 Total internal expenditure for scientific research activities	人员费用 Personnel cost	设备购置费 Expenditure for purchasing equipment	其他日常支出 Other daily expenditure
武汉病毒研究所 Wuhan Inst. of Virology	183115	51962	31998	99155
广东省、湖南省、海南省 Guangdong Province, Hunan Province and Hainan Province				
广州地球化学研究所 Guangzhou Inst. of Geochemistry	343614	61445	87607	194562
南海海洋研究所 South China Sea Inst. of Oceanology	624610	226222	97387	301001
华南植物园 South China Botanical Garden	247165	114484	27267	105414
广州能源研究所 Guangzhou Inst. of Energy Conversion	226351	101975	31884	92492
广州生物医药与健康研究院 Guangzhou Institutes of Biomedicine and Health	312390	89683	61006	161701
亚热带农业生态研究所 Inst. of Subtropical Agriculture	148269	59725	8776	79768
深圳先进技术研究院 Shenzhen Institutes of Advanced Technology	546467	260028	93310	193129
深海科学与工程研究所 Inst. of Deep-sea Science and Engineering	440613	69389	151605	219619
四川省、重庆市 Sichuan Province and Chongqing				
成都山地灾害与环境研究所 Chengdu Inst. of Mountain Hazards and Environment	198382	54677	12301	131404
成都生物研究所 Chengdu Inst. of Biology	184792	99531	20181	65080
光电技术研究所 Inst. of Optics and Electronics	865231	349513	34207	481511
重庆绿色智能技术研究院 Chongqing Inst. of Green and Intelligent Technology	163557	80860	25911	56786
云南省、贵州省 Yunnan Province and Guizhou Province				
地球化学研究所 Inst. of Geochemistry	173263	105820	35531	31912

续表 6-4

地区及学科 Region and field	科研活动经费内部支出合计 Total internal expenditure for scientific research activities	人员费用 Personnel cost	设备购置费 Expenditure for purchasing equipment	其他日常支出 Other daily expenditure
昆明植物研究所 Kunming Inst. of Botany	327729	140455	48049	139225
西双版纳热带植物园 Xishuangbanna Tropical Botanical Garden	242224	125916	26164	90144
昆明动物研究所 Kunming Inst. of Zoology	305487	62430	82201	160856
陕西省 Shaanxi Province				
国家授时中心 National Time Service Center	199746	63248	50521	85977
西安光学精密机械研究所 Xi'an Inst. of Optics and Precision Mechanics	688675	231909	22117	434649
地球环境研究所 Inst. of Earth Environment	158588	62857	30289	65442
甘肃省、青海省 Gansu Province and Qinghai Province				
近代物理研究所 Inst. of Modern Physics	484650	175966	267470	41214
兰州化学物理研究所 Lanzhou Inst. of Chemical Physics	263981	120783	34279	108919
寒区旱区环境与工程研究所 Cold and Arid Regions Environmental and Engineering Research Inst.	478791	180928	96133	201730
青海盐湖研究所 Qinghai Inst. of Saline Lakes	91709	44560	16874	30275
西北高原生物研究所 Northwest Inst. of Plateau Biology	85218	22630	18748	43840
新疆维吾尔自治区 Xinjiang Uygur Autonomous Region				
新疆理化技术研究所 Xinjiang Technical Inst. of Physics and Chemistry	195825	75411	42432	77982
新疆生态与地理研究所 Xinjiang Inst. of Ecology and Geography	311419	103267	36459	171693

注：科技活动经费内部支出不包括本机构委托外单位或与外单位合作而拨给对方的经费。

Note: The total internal expenditure of S&T activities does not include the funds allocated by the institution to other units for cooperation.

6-5 科研机构基本建设投资完成情况（2018 年）

Capital Construction Expenditure in CAS Research Institutions: 2018

单位：千元 （thousand yuan）

地区及学科 Region and field	基本建设投资实际完成额 Actual expenditure in capital construction investment	科研仪器设备 Scientific research instruments and equipment	科研土建工程 Civil engineering projects for scientific research	生产经营土建与设备 Civil engineering for production, operation and equipment	生活土建与设备 Civil engineering for living and equipment
总计 Total	**4821962**	**1677760**	**3100583**		**43619**
一、按地区、分院分 By region and branch					
北京分院（筹） Beijing Branch	1540043	360579	1178880		584
沈阳分院 Shenyang Branch	272738	76244	196494		
长春分院 Changchun Branch	128049	69828	58221		
上海分院 Shanghai Branch	1271737	210912	1057225		3600
南京分院 Nanjing Branch	12027	5159	6868		
合肥地区 Hefei Area	46016	12679	31476		1861
武汉分院 Wuhan Branch	40478	3637	36841		
广州分院 Guangzhou Branch	1028414	686832	341582		
成都分院 Chengdu Branch	222638	170833	38710		13095
昆明分院 Kunming Branch	47777		47777		

续表 6-5

地区及学科 Region and field	基本建设投资实际完成额 Actual expenditure in capital construction investment	科研仪器设备 Scientific research instruments and equipment	科研土建工程 Civil engineering projects for scientific research	生产经营土建与设备 Civil engineering for production, operation and equipment	生活土建与设备 Civil engineering for living and equipment
西安分院 Xi'an Branch	101152	28672	48001		24479
兰州分院 Lanzhou Branch	80590	34385	46205		
新疆分院 Xinjiang Branch	30303	18000	12303		
二、按学科分 By field					
数学、物理 Mathematics & physics	1416078	344854	1069363		1861
化学与化工 Chemistry & chemical engineering	504047	45704	458343		
地学 Earth sciences	518131	382	517165		584
生物学 Biological sciences	303821	85791	214430		3600
技术科学 Technological sciences	2079885	1201029	841282		37574
其他 Others					

6-6 科研机构科研仪器设备原值情况（2018 年）

Original Value of Scientific Equipment and Instrumentation in CAS Research Institutions: 2018

单位：千元 （thousand yuan）

地区、学科及科研单位 Region, field and research institution	科学仪器设备 Scientific Equipment and Instrumentation			
	科学仪器设备总额 Total amount of scientific instruments and equipment	100 万以上 Above 1 million	科学仪器设备数量（套） Quantity of Scientific Instruments and Equipment(set)	100 万以上（套） Above 1 million(set)
总计 Total	**67085512**	**30260066**	**1005484**	**11364**
一、按地区、分院分 By region and branch				
北京分院（筹） Beijing Branch	26207823	11231168	423585	5020
沈阳分院 Shenyang Branch	5961607	2948698	81268	824
长春分院 Changchun Branch	3372825	1982876	27116	704
上海分院 Shanghai Branch	14083256	6516849	180694	2228
南京分院 Nanjing Branch	2005661	560352	35372	270
合肥地区 Hefei Area	2582014	1361886	25543	411
武汉分院 Wuhan Branch	1568471	547633	33763	215
广州分院 Guangzhou Branch	3126966	1608780	54456	383
成都分院 Chengdu Branch	1700984	1008330	18302	323
昆明分院 Kunming Branch	1184166	551301	27958	203
西安分院 Xi’an Branch	1625399	719933	18157	275
兰州分院 Lanzhou Branch	3089640	1042769	65062	434
新疆分院 Xinjiang Branch	576700	179491	14208	74

续表 6-6

地区、学科及科研单位 Region, field and research institution	科学仪器设备 Scientific Equipment and Instrumentation			
	科学仪器设备总额 Total amount of scientific instruments and equipment	100 万以上 Above 1 million	科学仪器设备数量（套） Quantity of Scientific Instruments and Equipment(set)	100 万以上（套） Above 1 million(set)
二、按学科分 By field				
数学、物理 Mathematics & physics	18921127	8675813	247636	3698
化学与化工 Chemistry & chemical engineering	10640664	4344725	186782	1728
地学 Earth sciences	7990746	3383740	143428	1098
生物学 Biological sciences	9794409	3678743	217196	1468
技术科学 Technological sciences	19663440	10162731	205907	3367
其他 Others	75126	14314	4535	5
三、按科研单位分 By institute				
北京市、天津市、山西省 Beijing, Tianjin and Shanxi Province				
数学与系统科学研究院 Academy of Mathematics and Systems Science	86689	37242	3563	3
物理研究所 Inst. of Physics	1665523	765865	18725	288
声学研究所 Inst. of Acoustics	925056	770493	9825	1095
理论物理研究所 Inst. of Theoretical Physics	47871	39892	586	12
理化技术研究所 Technical Inst. of Physics and Chemistry	1056612	472590	15082	161
高能物理研究所 Inst. of High Energy Physics	3768095	1710701	46027	628
国家天文台 National Astronomical Observatories	1398283	816016	15105	205
力学研究所 Inst. of Mechanics	635910	186512	13295	73
化学研究所 Inst. of Chemistry	1122785	388095	21716	162

续表 6-6

地区、学科及科研单位 Region, field and research institution	科学仪器设备 Scientific Equipment and Instrumentation			
	科学仪器设备总额 Total amount of scientific instruments and equipment	100 万以上 Above 1 million	科学仪器设备数量（套） Quantity of Scientific Instruments and Equipment(set)	100 万以上（套） Above 1 million(set)
生态环境研究中心 Research Center for Eco-Environmental Sciences	608547	194320	13901	92
国家纳米科学中心 National Center for Nanoscience and Technology	504809	232622	8329	100
过程工程研究所 Inst. of Process Engineering	968269	289576	22167	127
地理科学与资源研究所 Inst. of Geographic Sciences and Natural Resources Research	409478	49498	4238	22
青藏高原研究所 Inst. of Tibetan Plateau Research	225093	54629	3362	23
地质与地球物理研究所 Inst. of Geology and Geophysics	840785	439576	13774	119
古脊椎动物与古人类研究所 Inst. of Vertebrate Paleontology and Paleoanthropology	61595	25128	418	17
大气物理研究所 Inst. of Atmospheric Physics	493192	156201	13050	64
遥感与数字地球研究所 Inst. of Remote Sensing and Digital Earth	932696	484873	13618	162
植物研究所 Inst. of Botany	396878	124176	7182	59
动物研究所 Inst. of Zoology	445057	121059	15983	55
心理研究所 Inst. of Psychology	139168	42891	4369	16
微生物研究所 Inst. of Microbiology	402695	118832	10260	45
生物物理研究所 Inst. of Biophysics	927695	476643	16324	146
遗传与发育生物学研究所 Inst. of Genetics and Developmental Biology	600123	227074	11500	90
北京基因组研究所 Beijing Inst. of Genomics	196946	139309	2609	49
计算技术研究所 Inst. of Computing Technology	374078	95451	16659	46

续表 6-6

地区、学科及科研单位 Region, field and research institution	科学仪器设备 Scientific Equipment and Instrumentation			
	科学仪器设备总额 Total amount of scientific instruments and equipment	100 万以上 Above 1 million	科学仪器设备数量（套） Quantity of Scientific Instruments and Equipment(set)	100 万以上（套） Above 1 million(set)
软件研究所 Inst. of Software	182186	36047	6637	18
信息工程研究所 Inst.of Information Engineering	122264			
半导体研究所 Inst. of Semiconductors	1000286	565261	7377	214
微电子研究所 Inst. of Microelectronics	809085	568231	5003	184
电子学研究所 Inst. of Electronics	1306470	494045	9406	256
光电研究院 Academy of Opto-Electronics	347532	139473	3784	50
电工研究所 Inst. of Electrical Engineering	460321	124016	6675	63
工程热物理研究所 Inst. of Engineering Thermophysics	491149	170433	6769	80
国家空间科学中心 National Space Science Center	612541	175895	15723	88
空间应用工程与技术中心 Technology and Engineering Center for Space Utilization	240460	82330	3536	33
自动化研究所 Inst. of Automation	455917	142360	11987	50
自然科学史研究所 Inst. of History of Natural Sciences	19620	1269	1935	1
科技战略咨询研究院 Inst. of Science and Development	55506	13045	2600	4
北京综合研究中心 Beijing Advanced Sciences and Innovation Centre	9443		134	
天津工业生物技术研究所 Tianjin Inst. of Industrial Biotechnology	193802	84446	4453	40
山西煤炭化学研究所 Shanxi Inst. of Coal Chemistry	667313	175053	15899	80
辽宁省、山东省 Liaoning Province and Shandong Province				
大连化学物理研究所 Dalian Inst. of Chemical Physics	2101036	1005149	29404	288

续表 6-6

地区、学科及科研单位 Region, field and research institution	科学仪器设备 Scientific Equipment and Instrumentation			
	科学仪器设备总额 Total amount of scientific instruments and equipment	100 万以上 Above 1 million	科学仪器设备数量（套） Quantity of Scientific Instruments and Equipment(set)	100 万以上（套） Above 1 million(set)
沈阳应用生态研究所 Shenyang Inst. of Applied Ecology	237665	37653	8926	22
沈阳自动化研究所 Shenyang Inst. of Automation	366694	164782	5187	78
金属研究所 Inst. of Metal Research	1414009	822629	11435	253
海洋研究所 Inst. of Oceanology	1463369	804818	15996	133
青岛生物能源与过程研究所 Qingdao Inst. of Bioenergy and Bioprocess Technology	204920	65138	4551	34
烟台海岸带研究所 Yantai Inst. of Coastal Zone Research	173914	48529	5769	16
吉林省 Jilin Province				
长春应用化学研究所 Changchun Inst. of Applied Chemistry	853252	345237	13242	170
东北地理与农业生态研究所 Northeast Inst. of Geography and Agroecology	120496	13299	4357	80
长春光学精密机械与物理研究所 Changchun Inst. of Optics，Fine Mechanics and Physics	2399077	1624340	9517	454
上海市、福建省、浙江省 Shanghai, Fujian Province and Zhejiang Province				
上海应用物理研究所 Shanghai Inst. of Applied Physics	2320283	1069212	23659	339
上海天文台 Shanghai Observatory	544710	273398	5338	66
上海硅酸盐研究所 Shanghai Inst. of Ceramics	1048819	520456	8716	195
上海有机化学研究所 Shanghai Inst. of Organic Chemistry	890263	380266	17038	163
上海生命科学研究院 Shanghai Institutes for Biological Sciences	2208169	668957	54589	285
上海微系统与信息技术研究所 Shanghai Inst. of Microsystem and Information Technology	1431497	902842	3807	235

续表 6-6

地区、学科及科研单位 Region, field and research institution	科学仪器设备 Scientific Equipment and Instrumentation			
	科学仪器设备总额 Total amount of scientific instruments and equipment	100 万以上 Above 1 million	科学仪器设备数量（套） Quantity of Scientific Instruments and Equipment(set)	100 万以上（套） Above 1 million(set)
上海光学精密机械研究所 Shanghai Inst. of Optics and Fine Mechanics	1381091	817092	10373	174
上海技术物理研究所 Shanghai Inst. of Technical Physics	1571254	881386	12082	327
上海药物研究所 Shanghai Inst. of Materia Medica	757805	347180	9772	128
上海高等研究院 Shanghai Advanced Research Institute	434405	88620	6565	52
上海微小卫星创新研究院 Innovation Academy for Microsatellites	115119	23856	2784	14
宁波材料技术与工程研究所 Ningbo Inst. of Material Technology and Engineering	596943	251035	8463	116
福建物质结构研究所 Fujian Inst. of Research on the Structure of Matter	561366	226554	11457	100
城市环境研究所 Inst. of Urban Environment	221532	65995	6051	34
江苏省 Jiangsu Province				
紫金山天文台 Purple Mountain Observatory	500117		8838	
南京地理与湖泊研究所 Nanjing Inst. of Geography and Limnology	244787	43573	4678	25
南京地质古生物研究所 Nanjing Inst. of Geology and Palaeontology	120669	56271	866	19
南京土壤研究所 Nanjing Inst. of Soil Science	279835	78259	5672	78
苏州纳米技术与纳米仿生研究所 Suzhou Inst. of Nano-Tech and Nano-Bionics	604238	276494	12011	104
苏州生物医学工程技术研究所 Suzhou Inst. of Biomedical Engineering and Technology	256015	105755	3307	44
安徽省 Anhui Province				
合肥物质科学研究院 Hefei Institutes of Physical Sciences	2582014	1361886	25543	411

续表 6-6

地区、学科及科研单位 Region, field and research institution	科学仪器设备 Scientific Equipment and Instrumentation			
	科学仪器设备总额 Total amount of scientific instruments and equipment	100 万以上 Above 1 million	科学仪器设备数量（套） Quantity of Scientific Instruments and Equipment(set)	100 万以上（套） Above 1 million(set)
湖北省 Hubei Province				
武汉物理与数学研究所 Wuhan Inst. of Physics and Mathematics	560558	214607	11649	78
武汉岩土力学研究所 Wuhan Inst. of Rock and Soil Mechanics	190021	24846	6981	11
测量与地球物理研究所 Inst. of Geodesy and Geophysics	84066	40701	746	17
武汉植物园 Wuhan Botanical Garden	107177	20967	3399	13
水生生物研究所 Inst. of Hydrobiology	302664	90547	6085	51
武汉病毒研究所 Wuhan Inst. of Virology	323985	155965	4903	45
广东省、湖南省、海南省 Guangdong Province, Hunan Province and Hainan Province				
广州地球化学研究所 Guangzhou Inst. of Geochemistry	487882	275200	7783	90
南海海洋研究所 South China Sea Inst. of Oceanology	572782	266887	10521	62
华南植物园 South China Botanical Garden	137091	98844	2177	17
广州能源研究所 Guangzhou Inst. of Energy Conversion	267018	75780	7324	42
广州生物医药与健康研究院 Guangzhou Institutes of Biomedicine and Health	380446	203550	7313	52
亚热带农业生态研究所 Inst. of Subtropical Agriculture	108659	17896	3453	8
深圳先进技术研究院 Shenzhen Institutes of Advanced Technology	669195	215999	14327	93
深海科学与工程研究所 Inst. of Deep-sea Science and Engineering	503893	454624	1558	19
四川省、重庆市 Sichuan Province and Chongqing				
成都山地灾害与环境研究所 Chengdu Inst. of Mountain Hazards and Environment	121371	19619	2317	12
成都生物研究所 Chengdu Inst. of Biology	167334	46760	5154	23

地区、学科及科研单位 Region, field and research institution	科学仪器设备 Scientific Equipment and Instrumentation			
	科学仪器设备总额 Total amount of scientific instruments and equipment	100 万以上 Above 1 million	科学仪器设备数量（套） Quantity of Scientific Instruments and Equipment(set)	100 万以上（套） Above 1 million(set)
光电技术研究所 Inst. of Optics and Electronics	1166956	837032	5528	247
重庆绿色智能技术研究院 Chongqing Inst. of Green and Intelligent Technology	245323	104919	5303	41
云南省、贵州省 Yunnan Province and Guizhou Province				
地球化学研究所 Inst. of Geochemistry	301186	178728	5776	55
昆明植物研究所 Kunming Inst. of Botany	359094	169831	8610	58
西双版纳热带植物园 Xishuangbanna Tropical Botanical Garden	170426	42650	6997	20
昆明动物研究所 Kunming Inst. of Zoology	353460	160092	6575	70
陕西省 Shaanxi Province				
国家授时中心 National Time Service Center	677730	280616	6909	85
西安光学精密机械研究所 Xi'an Inst. of Optics and Precision Mechanics	698677	304253	8098	140
地球环境研究所 Inst. of Earth Environment	248992	135064	3150	50
甘肃省、青海省 Gansu Province and Qinghai Province				
近代物理研究所 Inst. of Modern Physics	1668635	539959	30242	198
兰州化学物理研究所 Lanzhou Inst. of Chemical Physics	606256	272535	9266	127
寒区旱区环境与工程研究所 Cold and Arid Regions Environmental and Engineering Research Inst.	573738	157638	18885	69
青海盐湖研究所 Qinghai Inst. of Saline Lakes	103711	38368	3636	20
西北高原生物研究所 Northwest Inst. of Plateau Biology	137300	34269	3033	20
新疆维吾尔自治区 Xinjiang Uygur Autonomous Region				
新疆理化技术研究所 Xinjiang Technical Inst. of Physics and Chemistry	283577	111978	6135	45
新疆生态与地理研究所 Xinjiang Inst. of Ecology and Geography	293123	67513	8073	29

6-7 科研机构研究与试验发展人员全时当量

Full-time Equivalent of R&D Personnel in Research Institutions

单位：人·年 （person·year）

年份 Year	研究与试验发展人员全时当量 Total full-time equivalent of R&D personnel (A)	基础研究 Basic research	应用研究 Applied research	试验发展 Experimental development	其中：科学家和工程师 Among which: Scientists and engineers (B)	比重 Percentage of total (B/A)
1996	30677	10890	16259	3528	25455	83
1997	30181	10956	16237	2988	25085	83.1
1998	30611	11295	16591	2725	26585	86.8
1999	28436	10408	15810	2218	24771	87.1
2000	28084	11262	14940	1882	24666	87.8
2001	25199	10584	13154	1461	22541	89.5
2002	27646	11114	15205	1327	23413	84.7
2003	30937	12529	16892	1516	25903	83.7
2004	34898	14521	18901	1476	29457	84.4
2005	37246	15494	20076	1676	31014	83.3
2006	38911	17061	19283	2567	31589	81.2
2007	44307	14653	25205	4449	37026	83.6
2008	45358	15713	25235	4410	37416	82.5
2009	51230	18224	29378	3628		
2010	56015	20203	31829	3983		
2011	61859	23325	33917	4617		
2012	67767	26893	36258	4616		
2013	73561	29335	39109	5117		
2014	76008	32358	37823	5827		
2015	82827	35296	41674	5857		
2016	76604	32173	39786	4645		
2017	78711	35171	38614	4926		
2018	80405	34011	38844	7549		

注：R&D人员折合全时工作量=R&D课题人员折合全时工作量+管理R&D课题的科技管理人员和为R&D课题提供直接服务的科技服务人员的折合全时工作量。

Note: The full-time equivalent of R&D personnel is equivalent to the full-time equivalent of R&D project personnel plus that of management and service personnel directly for the R&D projects.

6-8 科研机构研究与试验发展经费支出

Research Institution R&D Expenditure

单位：亿元 （100 million yuan）

年份 Year	研究与试验发展经费支出 Total R&D expenditure	基础研究 Basic research	比重 Percentage of total	应用研究 Applied research	比重 Percentage of total	试验发展 Experimental development	比重 Percentage of total	占全国R&D经费支出（%） Percentage of national R&D expenditure
1996	21.9	6.88	31.4	11.11	50.7	3.91	17.9	5.4
1997	24.73	7.62	30.8	13.52	54.7	3.59	14.5	4.9
1998	27.33	8.66	31.7	14.84	54.3	3.83	14	5
1999	31.24	10.62	34	16.81	53.8	3.81	12.2	4.6
2000	40.28	14.82	36.8	21.7	53.9	3.76	9.3	4.5
2001	53.6	21.35	39.8	28.05	52.3	4.2	7.9	5.1
2002	78.08	29.2	37.4	43.33	55.5	5.55	7.1	6.1
2003	82.84	29.99	36.2	46.86	56.6	5.99	7.2	5.4
2004	93.2	33.53	36	53.39	57.3	6.28	6.7	4.7
2005	106.57	36.55	34.3	62.24	58.4	7.78	7.3	4.4
2006	109.87	40.98	37.3	58.12	52.9	10.77	9.8	3.7
2007	125.25	41.42	33.1	71.25	56.9	12.58	10	3.4
2008	153.53	53.27	34.7	85.42	55.6	14.93	9.7	3.3
2009	199.98	71.14	35.6	114.68	57.3	14.16	7.1	3.7
2010	223.61	80.65	36.1	127.06	56.8	15.9	7.1	3.2
2011	273.08	102.97	37.7	149.73	54.8	20.38	7.5	3.2
2012	320.3	127.11	39.7	171.38	53.5	21.82	6.8	3.1
2013	350.71	139.86	39.9	186.45	53.1	24.4	7	3
2014	384.87	163.85	42.6	191.52	49.8	29.5	7.7	3
2015	414.82	176.77	42.6	208.71	50.3	29.33	7.1	2.9
2016	411.4	172.79	42	213.68	51.9	24.94	6.1	2.6
2017	440.68	196.91	44.7	216.19	49.1	27.58	6.2	2.5
2018	537.87	227.52	42.3	259.85	48.3	50.5	9.4	2.7

注：研究与试验发展经费支出包括用于 R&D 活动的科研基建费。

Note: The total R&D expenditure includes the capital construction of scientific research for R&D activities.

6-9 科研机构科技活动课题基本情况

Basic Statistics of S&T Projects in CAS Research Institutions

年份 Year	课题数 Projects	课题经费支出(千元) Expenditure by projects (thousand yuan)	课题参加人员全时当量(人・年) Full-time equivalent of project participants (person・year)	科学家和工程师 Scientists & engineers
1985	6220	298448	30650	23756
1986	6217	256235	30337	23144
1987	7091	334353	29125	22989
1988	7579	406347	29565	24477
1989	8287	478258	31015	26115
1990	8476	500561	30283	26780
1991	8051	472828	25463	22063
1992	9503	665757	24769	22342
1993	9922	818096	26405	24010
1994	9996	1129106	25374	23149
1995	10139	1169028	23382	21774
1996	9359	1144557	22742	21341
1997	10011	1475554	24437	22945
1998	10738	1626599	24665	23173
1999	10346	1967568	23206	21989
2000	10745	2622420	23202	21832
2001	10370	3084858	22009	20737
2002	10997	3958123	26454	23989
2003	11491	4358637	27101	24709
2004	12026	4968575	30408	28297
2005	12712	5526474	33360	30711
2006	14400	5778352	34753	32247
2007	17699	7473185	40283	38765
2008	19908	9148493	41027	39178
2009	23180	11576790	45694	
2010	25421	14214655	49403	
2011	28724	16997083	54098	
2012	32270	20686633	59645	
2013	35435	23281013	65263	
2014	38839	24129693	66286	
2015	42003	26280898	67084	
2016	43676	25612960	63070	
2017	48033	28778154	65955	
2018	50584	36102674	65381	

注：1. 课题数包括基础研究、应用研究、试验发展、研究与试验发展成果应用、科技服务和生产性活动课题。

Note: The figures include projects in basic research, applied research, experimental development, application of research and experimental development results, scientific and technical services and productive activities.

2. 课题参加人员全时当量包括参与全部课题的本单位人员及流动人员。

The full-time equivalent of project participants includes those who are from the institute as well as the staff on mobility for the project.

6-10　科研机构科技活动课题综合情况（2018年）

Statistics of S&T Projects in CAS Research Institutions: 2018

地区及学科 Region and field	课题数 Projects		课题经费支出（千元） Expenditure by projects (thousand yuan)	课题参加人员全时当量（人·年） Full-time equivalent of project participants (person · year)	
		当年开题 Number of projects started			研究人员 Researchers
总计 Total	**50584**	**14263**	**36102674**	**65381**	**53865**
一、按地区、分院分 By region and branch					
北京分院（筹） Beijing Branch	19644	5933	14350467	25466	21310
沈阳分院 Shenyang Branch	3646	874	2938255	5224	4406
长春分院 Changchun Branch	1818	477	1483589	3558	2565
上海分院 Shanghai Branch	8576	2201	8473954	11570	8718
南京分院 Nanjing Branch	2418	596	924863	1978	1788
合肥地区 Hefei Area	626	171	1175154	2638	2065
武汉分院 Wuhan Branch	1994	569	1079378	2400	2028
广州分院 Guangzhou Branch	3935	1001	1947084	3655	3163
成都分院 Chengdu Branch	1796	601	985256	2250	1925
昆明分院 Kunming Branch	2195	688	608524	1899	1664
西安分院 Xi'an Branch	995	340	781393	1041	884
兰州分院 Lanzhou Branch	2130	608	975683	2559	2352
新疆分院 Xinjiang Branch	811	204	379074	1143	998
二、按学科分 By field					
数学、物理 Mathematics & physics	8099	2283	6962331	11962	9657
化学与化工 Chemistry & chemical engineering	6708	1563	4494842	10238	8375
地学 Earth sciences	10116	3035	4663425	9782	9080
生物学 Biological sciences	12651	3531	6072895	14625	12757
技术科学 Technological sciences	12557	3606	13832397	18578	13804
其他 Others	453	245	76784	196	192

注：课题参加人员指参与课题研究的本单位人员、在学研究生、在站博士后、客座人员及外聘人员等。

Note: The project participants refers to the Institution staff, post graduates, post doctorate researchers, visiting scholars and invited staff who are participating in project research.

6-11 科研机构科技活动

Total S&T Projects in CAS Research

地区及学科 Region and field	基础研究课题 Basic research projects			
	课题数 Projects	课题经费支出（千元） Expenditure by projects (thousand yuan)	课题参加人员全时当量（人·年） Full-time equivalent of project participants (person • year)	课题数 Projects
总计 Total	**23456**	**13711228**	**28969**	**22923**
一、按地区、分院分 By region and branch				
北京分院（筹） Beijing Branch	9269	6627172	12585	9694
沈阳分院 Shenyang Branch	985	667541	1605	2231
长春分院 Changchun Branch	711	247881	819	691
上海分院 Shanghai Branch	4710	2526892	4809	2671
南京分院 Nanjing Branch	573	194378	502	1830
合肥地区 Hefei Area	338	667279	1472	253
武汉分院 Wuhan Branch	1075	514984	1232	716
广州分院 Guangzhou Branch	1952	901396	1779	1478
成都分院 Chengdu Branch	521	186070	673	840
昆明分院 Kunming Branch	1571	464516	1435	561
西安分院 Xi'an Branch	273	173246	364	711
兰州分院 Lanzhou Branch	1252	429225	1383	693
新疆分院 Xinjiang Branch	226	110648	310	554

课题按活动类型分类（2018 年）
Institutions, by Type of Research: 2018

应用研究课题 Applied research projects		试验发展课题 Experimental development projects		
课题经费支出（千元）Expenditure by project (thousand yuan)	课题参加人员全时当量（人·年）Full-time equivalent of project participants (person · year)	课题数 Projects	课题经费支出（千元）Expenditure by projects (thousand yuan)	课题参加人员全时当量（人·年）Full-time equivalent of project participants (person · year)
16842946	**29942**	**2175**	**3721741**	**3792**
7198155	11961	144	132848	203
1688535	3054	149	102266	185
520923	1552	405	711118	1173
3349870	4873	788	2205067	1236
722475	1448	3	1283	4
464988	1060	5	5872	28
440705	956	135	81910	127
637859	1279	242	204589	302
484401	1013	144	181531	312
110731	418	13	1907	7
604580	667	6	1961	6
373304	873	134	86267	199
246420	788	7	5122	11

地区及学科 Region and field	基础研究课题 Basic research projects			
	课题数 Projects	课题经费支出（千元） Expenditure by projects (thousand yuan)	课题参加人员全时当量（人·年） Full-time equivalent of project participants (person · year)	课题数 Projects
二、按学科分 By field				
数学、物理 Mathematics & physics	4950	3970324	6635	2549
化学与化工 Chemistry & chemical engineering	3070	1977380	4864	3282
地学 Earth sciences	5621	2871482	6089	3902
生物学 Biological sciences	7659	3638893	8719	4520
技术科学 Technological sciences	2099	1228244	2596	8274
其他 Others	57	24905	66	396

地区及学科 Region and field	研究与试验发展成果应用课题 Application of R&D results		
	课题数 Projects	课题经费支出（千元） Expenditure by projects (thousand yuan)	课题参加人员全时当量（人·年） Full-time equivalent of project participants (person · year)
总计 Total	**703**	**998532**	**1367**
一、按地区、分院分 By region and branch			
北京分院（筹） Beijing Branch	124	147185	265
沈阳分院 Shenyang Branch	258	465532	358
长春分院 Changchun Branch	1	23	1
上海分院 Shanghai Branch	175	173267	416
南京分院 Nanjing Branch	1	78	1

续表 6-11

应用研究课题 Applied research projects		试验发展课题 Experimental development projects		
课题经费支出（千元）Expenditure by projects (thousand yuan)	课题参加人员全时当量（人·年）Full-time equivalent of project participants (person·year)	课题数 Projects	课题经费支出（千元）Expenditure by projects (thousand yuan)	课题参加人员全时当量（人·年）Full-time equivalent of project participants (person·year)
2541850	4603	293	243979	370
2273408	4747	64	40966	108
1516094	3248	192	100418	191
2147088	5279	238	133371	306
8312627	11935	1388	3203007	2819
51879	130			

科技服务课题 S&T services		
课题数 Projects	课题经费支出（千元）Expenditure by projects (thousand yuan)	课题参加人员全时当量（人·年）Full-time equivalent of project participants (person·year)
1327	**828227**	**1311**
413	245107	452
23	14381	22
10	3644	12
232	218858	236
11	6649	24

地区及学科 Region and field	研究与试验发展成果应用课题 Application of R&D results projects		
	课题数 Projects	课题经费支出 （千元） Expenditure by projects (thousand yuan)	课题参加人员全时当量 （人・年） Full-time equivalent of project participants (person・year)
合肥地区 Hefei Area	6	4362	3
武汉分院 Wuhan Branch	20	12494	25
广州分院 Guangzhou Branch	37	74477	94
成都分院 Chengdu Branch	38	83941	136
昆明分院 Kunming Branch	11	6160	13
西安分院 Xi'an Branch			
兰州分院 Lanzhou Branch	22	26540	40
新疆分院 Xinjiang Branch	10	4473	17
二、按学科分 By field			
数学、物理 Mathematics & physics	51	35481	76
化学与化工 Chemistry & chemical engineering	145	111623	357
地学 Earth sciences	24	40483	53
生物学 Biological sciences	41	52997	90
技术科学 Technological sciences	442	757948	792
其他 Others			

续表 6-11

科技服务课题 S&T services projects		
课题数 Projects	课题经费支出（千元） Expenditure by projects (thousand yuan)	课题参加人员全时当量（人·年） Full-time equivalent of project participants (person • year)
24	32653	75
48	29285	61
226	128763	200
253	49313	116
39	25210	27
5	1606	5
29	60347	65
14	12411	18
256	170697	279
147	91465	163
377	134948	202
193	100546	231
354	330571	437

6-12 科研机构科技活动

Total S&T Projects in CAS Research

地区及学科 Region and field	国家 State			
	课题数 Projects	课题经费支出（千元） Expenditure by projects (thousand yuan)	课题参加人员全时当量（人·年） Full-time equivalent of project participants (person • year)	课题数 Projects
总计 Total	**24257**	**15960170**	**32598**	**8858**
一、按地区、分院分 By region and branch				
北京分院（筹） Beijing Branch	10442	6380767	13730	3745
沈阳分院 Shenyang Branch	1997	1232788	2998	557
长春分院 Changchun Branch	826	701718	1361	166
上海分院 Shanghai Branch	3822	3941620	5275	1529
南京分院 Nanjing Branch	1269	463018	1142	398
合肥地区 Hefei Area	389	491924	1355	119
武汉分院 Wuhan Branch	928	496263	1335	299
广州分院 Guangzhou Branch	1673	715899	1696	508
成都分院 Chengdu Branch	551	451001	967	271
昆明分院 Kunming Branch	799	218915	848	465
西安分院 Xi’an Branch	392	305885	427	191
兰州分院 Lanzhou Branch	907	437710	1101	381
新疆分院 Xinjiang Branch	262	122662	363	229

课题按主要任务来源分类（2018 年）

Institutions, by Source of Project: 2018

中国科学院 CAS		地方 Locality		
课题经费支出（千元）Expenditure by projects (thousand yuan)	课题参加人员全时当量（人·年）Full-time equivalent of project participants (person · year)	课题数 Projects	课题经费支出（千元）Expenditure by projects (thousand yuan)	课题参加人员全时当量（人·年）Full-time equivalent of project participants (person · year)
10053990	**13584**	**6210**	**2339579**	**6376**
4782511	6377	889	536662	980
602298	826	344	208795	432
155131	250	314	73132	502
2225368	2418	1500	642940	1750
245377	317	201	34059	142
288573	789	48	17950	114
288071	378	308	118866	258
611792	546	1035	359822	884
164416	353	511	102053	377
215045	366	461	72252	302
127849	181	69	13825	36
211749	425	287	100872	298
135810	358	243	58351	300

地区及学科 Region and field	国家 State			
	课题数 Projects	课题经费支出（千元） Expenditure by projects (thousand yuan)	课题参加人员全时当量（人·年） Full-time equivalent of project participants (person·year)	课题数 Projects
二、按学科分 By field				
数学、物理 Mathematics & physics	4276	2738138	6019	1772
化学与化工 Chemistry & chemical engineering	3535	1783777	4974	1034
地学 Earth sciences	4726	2009075	5094	1591
生物学 Biological sciences	5666	2352093	7516	2388
技术科学 Technological sciences	5900	7064329	8945	1989
其他 Others	154	12758	51	84

地区及学科 Region and field	企业委托 Entrusted by enterprises			
	课题数 Projects	课题经费支出（千元） Expenditure by projects (thousand yuan)	课题参加人员全时当量（人·年） Full-time equivalent of project participants (person·year)	课题数 Projects
总计 Total	**4751**	**3586099**	**5280**	**3591**
一、按地区、分院分 By region and branch				
北京分院（筹） Beijing Branch	2020	1376762	2121	1251
沈阳分院 Shenyang Branch	549	791011	667	125
长春分院 Changchun Branch	122	42458	198	92
上海分院 Shanghai Branch	626	640053	719	840
南京分院 Nanjing Branch	174	54244	77	310

中国科学院 CAS		地方 Locality		
课题经费支出（千元）Expenditure by project (thousand yuan)	课题参加人员全时当量（人·年）Full-time equivalent of project participants (person · year)	课题数 Projects	课题经费支出（千元）Expenditure by projects (thousand yuan)	课题参加人员全时当量（人·年）Full-time equivalent of project participants (person · year)
2621117	3484	584	254594	593
1310653	2053	855	222718	1129
1613047	1865	1399	342365	1027
2030656	3073	1869	585639	1770
2437026	3046	1449	929109	1845
41491	62	54	5154	13

研究所自选 Institute self-selection		国际合作 International cooperation		
课题经费支出（千元）Expenditure by projects (thousand yuan)	课题参加人员全时当量（人·年）Full-time equivalent of project participants (person · year)	课题数 Projects	课题经费支出（千元）Expenditure by projects (thousand yuan)	课题参加人员全时当量（人·年）Full-time equivalent of project participants (person · year)
2408924	**4305**	**508**	**338349**	**590**
804393	1344	193	112416	237
81003	230	27	18667	54
164244	391	15	7207	24
824339	1041	131	67532	116
110404	261	8	3056	8

地区及学科 Region and field	企业委托 Entrusted by enterprises			
	课题数 Projects	课题经费支出（千元） Expenditure by projects (thousand yuan)	课题参加人员全时当量（人・年） Full-time equivalent of project participants (person・year)	课题数 Projects
合肥地区 Hefei Area	30	86360	177	30
武汉分院 Wuhan Branch	211	91418	202	136
广州分院 Guangzhou Branch	310	138469	238	253
成都分院 Chengdu Branch	333	235050	474	68
昆明分院 Kunming Branch	166	23068	93	201
西安分院 Xi'an Branch	4	1509	5	33
兰州分院 Lanzhou Branch	184	98783	270	205
新疆分院 Xinjiang Branch	22	6914	37	47
二、按学科分 By field				
数学、物理 Mathematics & physics	459	290389	551	663
化学与化工 Chemistry & chemical engineering	752	528591	850	384
地学 Earth sciences	607	205013	444	851
生物学 Biological sciences	1075	382115	911	1171
技术科学 Technological sciences	1843	2179435	2520	456
其他 Others	15	556	5	66

续表 6-12

研究所自选 Institute self-selection		国际合作 International cooperation		
课题经费支出（千元）Expenditure by projects (thousand yuan)	课题参加人员全时当量（人·年）Full-time equivalent of project participants (person · year)	课题数 Projects	课题经费支出（千元）Expenditure by projects (thousand yuan)	课题参加人员全时当量（人·年）Full-time equivalent of project participants (person · year)
46253	62	2	39395	15
59431	140	7	2722	9
62869	148	55	39901	61
18316	42	16	7149	17
66429	251	22	5338	17
70701	112	7	23465	6
47768	206	20	9575	21
52774	78	5	1926	6
635669	806	48	62426	55
568408	1115	30	27655	53
259965	765	97	46909	78
584063	897	222	73392	226
348117	682	111	127967	179
12702	41			

6-13 科研机构科技活动课题按技术领域分类（2018 年）
Total S&T Projects in CAS Research Institutions, by Field of Technology: 2018

技术领域 Field of technology	课题数 Projects	课题经费支出（千元） Expenditure by projects (thousand yuan)	课题参加人员全时当量（人·年） Full-time equivalent of project participants (person · year)
合计 Total	**41065**	**30244788**	**52650**
信息技术 Information technology	6838	5930040	9473
生物和现代农业技术 Biotechnology & modern agricultural technology	9502	4724234	9820
新材料技术 New materials technology	6034	4094566	7382
能源技术 Energy technology	2501	2210812	4388
激光技术 Laser technology	563	877412	1440
先进制造与自动化技术 Advanced manufacturing & automation technology	1057	1437456	1784
航天技术 Space technology	857	3252067	2045
资源与环境技术 Resources & environmental technology	9359	4488452	9983
其他技术领域 Other technologies	4354	3229749	6335

6-14 科研机构科技著作

S&T Works Published by CAS Research Institutions

年份 Year	科技专著 S&T works		译成外文 Those translated into foreign languages		用作大专院校教科书 Those used as text books for universities and colleges		科普著作 Popular science books	
	万字 Ten thousand Chinese characters	种 Title	万字 Ten thousand Chinese characters	种 Title	万字 Ten thousand Chinese characters	种 Title	万字 Ten thousand Chinese characters	种 Title
1985	4323		288		293		601	
1986	4529		413		410		474	
1987	5625	195	717	21	945	33	587	37
1988	8191	455	667	38	854	36	818	35
1989	7798	297	356	18	432	22	984	37
1990	11477	345	285	20	769	27	931	47
1991	9221	319	625	19	900	23	1105	41
1992	8316	245	463	18	383	11	357	12
1993	9792	292	1294	38	125	6	405	16
1994	13978	334	1398	29	248	9	1005	42
1995	11922	337	741	23	241	8	518	25
1996	11044	297	1430	36	109	5	481	24
1997	9541	296	621	19	179	5	990	36
1998	12712	347	804	25	539	14	861	36
1999	14474	371	1866	32	337	12	1114	55
2000	17327	429	1304	42	172	10	2979	103
2001	14650	348	648	31	418	17	2628	97
2002	15319	534	1289	37	1046	20	1102	83
2003	13467	401	1143	31	1303	21	1321	55
2004	15486	330	854	31	607	12	1622	68
2005	12228	330	884	35	414	15	800	60
2006	12178	323	758	24	508	13	1339	40
2007	10723	273	988	30	445	9	926	43
2008	12848	330	866	45	243	5	1001	48
2009	12887	329	1032	50	874	55	1343	48
2010	14248	288	810	35	155	3	419	20
2011	14862	358	931	56	293	5	614	31
2012	15749	356	747	65	62	6	1107	22
2013	16383	327	1434	73	379	5	510	35
2014	14060	386	1238	71	485	9	720	39
2015	16009	426	1905	79	375	12	834	54
2016	15685	439	1460	81	164	9	2338	78
2017	13700	369	1566	77	591	13	1187	45
2018	15748	445	1307	94	406	12	2353	58

6-15 科研机构科技著作（2018 年）

S&T Works Published by CAS Research Institutions: 2018

地区及学科 Region and field	科技专著 S&T works		译成外文 Those translated into foreign languages		用作大专院校教科书 Those used as text books for universities and colleges		科普著作 Popular science books	
	万字 Ten thousand Chinese characters	种 Title	万字 Ten thousand Chinese characters	种 Title	万字 Ten thousand Chinese characters	种 Title	万字 Ten thousand Chinese characters	种 Title
总计 Total	**15748**	**445**	**1307**	**94**	**406**	**12**	**2353**	**58**
一、按地区、分院分 By region and branch								
北京分院（筹） Beijing Branch	7882	256	689	61	266	7	2095	39
沈阳分院 Shenyang Branch	1072	27	5	2				
长春分院 Changchun Branch	340	12	2	1				
上海分院 Shanghai Branch	688	35	144	10			19	2
南京分院 Nanjing Branch	1117	27	60	1	132	2	101	8
合肥地区 Hefei Area								
武汉分院 Wuhan Branch	385	13	67	2			22	2
广州分院 Guangzhou Branch	1555	25	40	2			20	1
成都分院 Chengdu Branch	265	9	6	2			58	4
昆明分院 Kunming Branch	1702	16	39	3			20	1
西安分院 Xi’an Branch	19	1						
兰州分院 Lanzhou Branch	696	23	255	10	8	3	18	1
新疆分院 Xinjiang Branch	27	1						
二、按学科分 By field								
数学、物理 Mathematics & physics	1703	65	528	34	8	3	222	9
化学与化工 Chemistry & chemical engineering	1687	65	238	23				1
地学 Earth sciences	4662	134	204	11	187	5	549	20
生物学 Biological sciences	4987	83	155	10	79	1	471	20
技术科学 Technological sciences	1871	71	182	16	132	3	1066	5
其他 Others	838	27					45	3

6-16 学校及公共支撑机构科技活动课题综合情况（2018年）

Statistics of S&T Projects in Universities and CAS Supporting Institutions: 2018

单位 Unit	课题数合计 Total projects		课题经费支出（千元） Expenditure by projects (thousand yuan)	课题参加人员全时当量（人·年） Full-time equivalent of project participants (person • year)
		当年开题 Number of projects started		
总计 Total	**5223**	**2153**	**1654069**	**8213**
中国科学技术大学 University of Science and Technology of China	3350	1324	1213973	7157
中国科学院大学 University of CAS	1029	353	102711	349
计算机网络信息中心 Computer Network Information Center	346	126	244217	459
文献情报中心 National Science Library	226	225	45161	73
武汉文献情报中心 Wuhan Library	61	32	15369	36
成都文献情报中心 Chengdu Library and Information Center	112	35	14301	73
兰州文献情报中心 Lanzhou Library	99	58	18337	67

6-17 国家重点实验室

Basic Statistics of Staff in the

单位：人

国家重点实验室名称 Names of the state key laboratories	固定研究人员 Permanent researchers	高级 Senior
总计 **Total**	**8665**	**6297**
数学、物理 Mathematics & Physics	1475	1210
合肥微尺度物质科学国家研究中心（中国科学技术大学） Hefei National Laboratory for Physical Sciences at the Microscale (University of Science and Technology of China)	372	324
北京凝聚态物理国家研究中心（中国科学院物理研究所） Beijing National Laboratory for Condensed Matter Physics (Institute of Physics, CAS)	422	354
波谱与原子分子物理国家重点实验室（中国科学院武汉物理与数学研究所） State Key Laboratory of Magnetic Resonance and Atomic and Molecular Physics (Wuhan Institute of Physics and Mathematics, CAS)	50	48
声场声信息国家重点实验室（中国科学院声学研究所） State Key Laboratory of Acoustics, Speech and Signal Processing (Institute of Acoustics, CAS)	126	91
非线性力学国家重点实验室（中国科学院力学研究所） State Key Laboratory of Nonlinear Mechanics (Institute of Mechanics, CAS)	63	48
科学与工程计算国家重点实验室（中国科学院数学与系统科学研究院） State Key Laboratory of Scientific and Engineering Computing (Academy of Mathematics and System Science, CAS)	50	38
半导体超晶格国家重点实验室（中国科学院半导体研究所） State Key Laboratory for Superlattices and Microstructures (Institute of Semiconductors, CAS)	48	47
强场激光物理国家重点实验室（中国科学院上海光学精密机械研究所） State Key Laboratory of High Field Laser Physics (Shanghai Institute of Optics and Fine Mechanics, CAS)	88	58
核探测与核电子学国家重点实验室（中国科学院高能物理研究所、中国科学技术大学） State Key Laboratory of Particle Detection and Electronics (Institute of High Energy Physics, CAS and University of Science and Technology of China)	152	130
高温气体动力学国家重点实验室（中国科学院力学研究所） State Key Laboratory of High Temperature Gas Dynamics (Institute of Mechanics, CAS)	104	72

人员情况（2018 年）
State Key Laboratories: 2018

（person）

流动人员 Guest researchers	人才培养 Talent training		
	博士后 Postdoctors	博士 Candidates for doctor's degree	硕士 Candidates for master's degree
4251	**1437**	**11615**	**8438**
524	203	2581	2110
184	31	1284	1257
64	64	629	289
43	35	83	51
53	12	108	93
5	5	37	64
39		79	52
15		86	59
45	1	57	36
59	55	180	164
17		38	45

国家重点实验室名称 Names of the state key laboratories	固定研究人员 Permanent researchers	
		高级 Senior
化学 Chemistry	1243	969
北京分子科学国家研究中心（北京大学、中国科学院化学研究所） Beijing National Laboratory For Molecular Sciences (Peking University and Institute of Chemistry, CAS)	442	311
催化基础国家重点实验室（中国科学院大连化学物理研究所） State Key Laboratory of Catalysis (Dalian Institute of Chemical Physics, CAS)	97	70
分子反应动力学国家重点实验室（中国科学院大连化学物理研究所） State Key Laboratory of Molecular Reaction Dynamics (Dalian Institute of Chemical Physics and Institute of Chemistry, CAS)	75	57
生命有机化学国家重点实验室（中国科学院上海有机化学研究所） State Key Laboratory of Bioorganic Chemistry & Natural Product Chemistry (Shanghai Institute of Organic Chemistry, CAS)	49	30
结构化学国家重点实验室（中国科学院福建物质结构研究所） State Key Laboratory of Structural Chemistry (Fujian Institute of Research on the Structure of Matter, CAS)	49	48
羰基合成和选择氧化国家重点实验室（中国科学院兰州化学物理研究所） State Key Laboratory of Oxo Synthesis and Selective Oxidation (Lanzhou Institute of Chemical Physics, CAS)	99	61
煤转化国家重点实验室（中国科学院山西煤炭化学研究所） State Key Laboratory of Coal Conversion (Shanxi Institute of Coal Chemistry, CAS)	79	70
高分子物理与化学国家重点实验室(中国科学院化学研究所、长春应用化学研究所) State Key Laboratory of Polymer Physics and Chemistry (Institute of Chemistry and Changchun Institute of Applied Chemistry, CAS)	63	56
金属有机化学国家重点实验室（中国科学院上海有机化学研究所） State Key Laboratory of Organometallic Chemistry (Shanghai Institute of Organic Chemistry, CAS)	65	53
电分析化学国家重点实验室（中国科学院长春应用化学研究所） State Key Laboratory of Electroanalytical Chemistry (Changchun Institute of Applied Chemistry, CAS)	61	57
稀土资源利用国家重点实验室（中国科学院长春应用化学研究所） State Key Laboratory of Rare Earth Resource Utilization (Changchun Institute of Applied Chemistry, CAS)	56	52
多相复杂系统国家重点实验室（中国科学院过程工程研究所） State Key Laboratory of Multiphase Complex Systems (Institute of Process Engineering, CAS)	108	104

续表 6-17

流动人员 Guest researchers	人才培养 Talent training		
	博士后 Postdoctors	博士 Candidates for doctor's degree	硕士 Candidates for master's degree
887	236	1840	1016
65		697	312
34	17	137	38
83	24	62	25
39	15	60	48
248	121	80	67
45	1	68	42
130	8	154	115
97	11	148	106
48	19	97	34
29	8	114	86
48	5	103	69
21	7	120	74

国家重点实验室名称 Names of the state key laboratories	固定研究人员 Permanent researchers	
		高级 Senior
地球科学 Geoscience	2052	1482
大气科学和地球流体力学数值模拟国家重点实验室（中国科学院大气物理研究所） State Key Laboratory of Numerical Modeling for Atmospheric Sciences and Geophysical Fluid Dynamics (Institute of Atmospheric Physics, CAS)	91	67
有机地球化学国家重点实验室（中国科学院广州地球化学研究所） State Key Laboratory of Organic Geochemistry (Guangzhou Institute of Geochemistry, CAS)	81	52
资源与环境信息系统国家重点实验室（中国科学院地理科学与资源研究所） State Key Laboratory of Resources and Environmental Information System (Institute of Geographic Sciences and Natural Resources Research, CAS)	120	82
冻土工程国家重点实验室（中国科学院寒区旱区环境与工程研究所） State Key Laboratory of Frozen Soil Engineering (Cold and Arid Regions Environmental and Engineering Research Institute, CAS)	87	45
黄土与第四纪地质国家重点实验室（中国科学院地球环境研究所） State Key Laboratory of Loess and Quaternary Geology (Institute of Earth Environment, CAS)	59	47
大气边界层物理和大气化学国家重点实验室（中国科学院大气物理研究所） State Key Laboratory of Atmospheric Boundary Layer Physics and Atmospheric Chemistry (Institute of Atmospheric Physics, CAS)	80	62
环境模拟与污染控制国家重点实验室（清华大学、中国科学院生态环境研究中心、北京大学等） State Key Laboratory of Environmental Aquatic Chemistry (Tsinghua University, Research Center for Eco-Environmental Sciences, CAS, and Peking University, etc.)	38	19
环境地球化学国家重点实验室（中国科学院地球化学研究所） State Key Laboratory of Environmental Geochemistry (Institute of Geochemistry, CAS)	81	65
黄土高原土壤侵蚀与旱地农业国家重点实验室（中国科学院水利部水土保持研究所） State Key Laboratory of Soil Erosion and Dryland Farming on Loess Plateau (Institute of Soil and Water Conservation, CAS & MWR)	112	93
现代古生物学和地层学国家重点实验室（中国科学院南京地质古生物研究所） State Key Laboratory of Palaeobiology and Stratigraphy (Nanjing Institute of Geology and Palaeontology, CAS)	61	43
遥感科学国家重点实验室（中国科学院遥感与数字地球研究所、北京师范大学） State Key Laboratory of Remote Sensing Science (Institute of Remote Sensing and Digital Earth, CAS and Beijing Normal University)	75	60
土壤与农业可持续发展国家重点实验室（中国科学院南京土壤研究所） State Key Laboratory of Soil and Sustainable Agriculture (Institute of Soil Science, CAS)	121	83
岩石圈演化国家重点实验室（中国科学院地质与地球物理研究所） State Key Laboratory of Lithospheric Evolution (Institute of Geology and Geophysics, CAS)	58	56

续表 6-17

流动人员 Guest researchers	人才培养 Talent training		
	博士后 Postdoctors	博士 Candidates for doctor's degree	硕士 Candidates for master's degree
1133	324	2112	1725
2		73	32
91	34	146	84
54		116	70
57	3	69	27
52		74	60
15	15	53	18
11	8	49	30
41	19	82	71
52	14	227	386
119	6	32	31
109	12	70	40
68	14	132	99
38	30	98	43

国家重点实验室名称 Names of the state key laboratories	固定研究人员 Permanent researchers	
		高级 Senior
环境化学与生态毒理学国家重点实验室（中国科学院生态环境研究中心） State Key Laboratory of Environmental Chemistry and Ecotoxicology (Research Center for Eco-Environmental Sciences, CAS)	106	68
空间天气学国家重点实验室（中国科学院国家空间科学中心） State Key Laboratory of Space Weather (National Space Science Center, CAS)	77	62
矿床地球化学国家重点实验室（中国科学院地球化学研究所） State Key Laboratory of Ore Deposit Geochemistry (Institute of Geochemistry, CAS)	94	72
湖泊与环境国家重点实验室（中国科学院南京地理与湖泊研究所） State Key Laboratory of Lake Science and Environments (Nanjing Institute of Geography and Limnology, CAS)	68	58
冰冻圈科学国家重点实验室（中国科学院寒区旱区环境与工程研究所） State Key Laboratory of Cryospheric Sciences (Cold and Arid Regions Environment and Engineering Research Institute, CAS)	102	49
城市与区域生态国家重点实验室（中国科学院生态环境研究中心） State Key Laboratory of Urban and Regional Ecology (Research Center for Eco-Environmental Sciences, CAS)	107	64
植被与环境变化国家重点实验室（中国科学院植物研究所） State Key Laboratory of Vegetation and Environmental Change (Institute of Botany, CAS)	95	63
同位素地球化学国家重点实验室（中国科学院广州地球化学研究所） State Key Laboratory of Isotope Geochemistry (Guangzhou Institute of Geochemistry, CAS)	78	55
大地测量与地球动力学国家重点实验室（中国科学院测量与地球物理研究所） State Key Laboratory of Geodesy and Earth's Dynamics (Institute of Geodesy and Geophysics, CAS)	90	64
荒漠与绿洲生态国家重点实验室（中国科学院新疆生态与地理研究所） State Key Laboratory of Desert and Oasis Ecology (Xinjiang Institute of Ecology and Geography, CAS)	90	76
热带海洋环境国家重点实验室（中国科学院南海海洋研究所） State Key Laboratory of Tropical Oceanography (South China Sea Institute of Oceanology, CAS)	81	77
生物、医学 Biology & Medicine	2027	1172
农业虫害鼠害综合治理研究国家重点实验室（中国科学院动物研究所） State Key Laboratory of Integrated Management of Pest Insects and Rodents (Institute of Zoology, CAS)	61	46

续表 6-17

流动人员 Guest researchers	人才培养 Talent training		
	博士后 Postdoctors	博士 Candidates for doctor's degree	硕士 Candidates for master's degree
44	44	136	86
14	2	48	25
49	22	71	59
23	5	76	42
45	1	55	35
		132	81
107	39	103	96
16	16	49	97
45	13	73	49
27	18	69	97
54	9	79	67
958	527	2466	1410
77	31	97	51

国家重点实验室名称 Names of the state key laboratories	固定研究人员 Permanent researchers	
		高级 Senior
生物大分子国家重点实验室（中国科学院生物物理研究所） State Key Laboratory of Biomacromolecules (Institute of Biophysics, CAS)	165	100
分子生物学国家重点实验室（中国科学院上海生命科学研究院） State Key Laboratory of Molecular Biology (Shanghai Institutes for Biological Sciences, CAS)	114	49
植物分子遗传国家重点实验室（中国科学院上海生命科学研究院） State Key Laboratory of Plant Molecular Genetics (Shanghai Institutes for Biological Sciences, CAS)	128	71
淡水生态与生物技术国家重点实验室（中国科学院水生生物研究所） State Key Laboratory of Freshwater Ecology and Biotechnology (Institute of Hydrobiology, CAS)	59	55
膜生物学国家重点实验室（中国科学院动物研究所、清华大学、北京大学） State Key Laboratory of Membrane Biology(Institute of Zoology, CAS, Tsinghua University and Peking University)	17	14
干细胞与生殖生物学国家重点实验室（中国科学院动物研究所） State Key Laboratory of Stem Cell and Reproductive Biology (Institute of Zoology, CAS)	85	34
微生物资源前期开发国家重点实验室（中国科学院微生物研究所） State Key Laboratory of Microbial Resources (Institute of Microbiology, CAS)	83	54
新药研究国家重点实验室（中国科学院上海药物研究所） State Key Laboratory of Drug Research (Shanghai Institute of Materia Media, CAS)	133	113
植物细胞与染色体工程国家重点实验室（中国科学院遗传与发育生物研究所） State Key Laboratory of Plant Cell and Chromosome Engineering (Institute of Genetics and Developmental Biology, CAS)	87	54
生化工程国家重点实验室（中国科学院过程工程研究所） State Key Laboratory of Biochemical Engineering (Institute of Process Engineering, CAS)	70	61
植物化学与西部植物资源持续利用国家重点实验室（中国科学院昆明植物研究所） State Key Laboratory of Phytochemistry and Plant Resources in west China (Kunming Institute of Botany, CAS)	93	63
植物基因组学国家重点实验室（中国科学院遗传与发育生物学研究所、微生物研究所） State Key Laboratory of Plant Genomics (Institute of Genetics and Developmental Biology and Institute of Microbiology, CAS)	164	81
系统与进化植物学国家重点实验室（中国科学院植物研究所） State Key Laboratory of Systematic and Evolutionary Botany (Institute of Botany, CAS)	96	57
脑与认知科学国家重点实验室（中国科学院生物物理研究所） State Key Laboratory of Brain and Cognitive Science (Institute of Biophysics, CAS)	73	48

续表 6-17

流动人员 Guest researchers	人才培养 Talent training		
	博士后 Postdoctors	博士 Candidates for doctor's degree	硕士 Candidates for master's degree
36	36	181	92
30	30	124	81
83	56	163	79
15	1	153	111
17	7	49	31
35	35	125	67
23	10	78	55
88	52	132	155
51	45	125	31
68	25	75	50
14		96	107
118	69	186	71
10	8	90	82
31	19	80	73

国家重点实验室名称 Names of the state key laboratories	固定研究人员 Permanent researchers	高级 Senior
病毒学国家重点实验室（武汉大学、中国科学院武汉病毒研究所） State Key Laboratory of Virology (Wuhan University and Wuhan Institute of Virology, CAS)	20	18
神经科学国家重点实验室（中国科学院上海生命科学研究院） State Key Laboratory of Neuroscience (Shanghai Institutes for Biological Sciences, CAS)	165	50
遗传资源与进化国家重点实验室（中国科学院昆明动物研究所） State Key Laboratory of Genetic Resources and Evolution (Kunming Institute of Zoology, CAS)	84	43
细胞生物学国家重点实验室（中国科学院上海生命科学研究院） State Key Laboratory of Cell Biology (Shanghai Institutes for Biological Sciences, CAS)	124	65
分子发育生物学国家重点实验室（中国科学院遗传与发育生物学研究所） State Key Laboratory of Molecular Developmental Biology (Institute of Genetics and Developmental Biology, CAS)	95	42
真菌学国家重点实验室（中国科学院微生物研究所） State Key Laboratory of Mycology (Institute of Microbiology, CAS)	111	54
技术科学 Technological sciences	1868	1464
沈阳材料科学国家研究中心（中国科学院金属研究所） Shenyang National Laboratory For Materials Science (Institute of Metals Research, CAS)	273	196
红外物理国家重点实验室（中国科学院上海技术物理研究所） State Key Laboratory of Infrared Physics (Shanghai Institute of Technical Physics, CAS)	57	51
传感技术联合国家重点实验室（中国科学院上海微系统与信息技术研究所、电子学研究所等） State Key Laboratory of Transducer Technology (Shanghai Institute of Microsystem and Information Technology and Institute of Electronics, CAS)	128	104
应用光学国家重点实验室（中国科学院长春光学精密机械与物理研究所） State Key Laboratory of Applied Optics (Changchun Institute of Optics，Fine Mechanics and Physics, CAS)	113	78
模式识别国家重点实验室（中国科学院自动化研究所） State Key Laboratory of Pattern Recognition (Institute of Automation, CAS)	97	94
信息安全国家重点实验室（中国科学院信息工程研究所） State Key Laboratory of Information Security (Institute of Information Engineering, CAS)	144	66
集成光电子学国家重点实验室（清华大学、吉林大学、中国科学院半导体研究所） State Key Laboratory of Integrated Photoelectronics (Tsinghua University, Jilin University and Institute of Semiconductors, CAS)	34	33

续表 6-17

流动人员 Guest researchers	人才培养 Talent training		
	博士后 Postdoctors	博士 Candidates for doctor's degree	硕士 Candidates for master's degree
42	42	84	48
42	29	142	26
77	1	86	64
10	4	169	50
27	21	159	30
64	6	72	56
749	147	2616	2177
71	10	247	164
114	16	75	72
4	4	117	85
58		80	82
104	24	202	156
19	4	250	216
12		103	79

国家重点实验室名称 Names of the state key laboratories	固定研究人员 Permanent researchers	高级 Senior
瞬态光学与光子技术国家重点实验室（中国科学院西安光学精密机械研究所） State Key Laboratory of Transient Optics and Technology (Xi'an Institute of Optics and Precision Mechanics, CAS)	79	74
微细加工光学技术国家重点实验室（中国科学院光电技术研究所） State Key Laboratory of Optical Technologies on Microfabrication (Institute of Optics and Electronics, CAS)	67	57
信息功能材料国家重点实验室（中国科学院上海微系统与信息技术研究所） State Key Laboratory of Functional Materials for Informatics (Shanghai Institute of Microsystem and Information Technology, CAS)	88	72
火灾科学国家重点实验室（中国科学技术大学） State Key Laboratory of Fire Science (University of Science and Technology of China)	56	42
固体润滑国家重点实验室（中国科学院兰州化学物理研究所） State Key Laboratory of Solid Lubrication (Lanzhou Institute of Chemical Physics, CAS)	92	74
高性能陶瓷和超微结构国家重点实验室（中国科学院上海硅酸盐研究所） State Key Laboratory of High Performance Ceramics and Superfine Microstructure (Shanghai Institute of Ceramics, CAS)	96	83
计算机科学国家重点实验室（中国科学院软件研究所） State Key Laboratory of Computer Science (Institute of Software, CAS)	98	84
机器人学国家重点实验室（中国科学院沈阳自动化研究所） State Key Laboratory of Robotics (Shenyang Institute of Automation, CAS)	76	70
岩土力学与工程国家重点实验室（中国科学院武汉岩土力学研究所） State Key Laboratory of Geomechanics and Geotechnical Engineering (Institute of Rock and Soil Mechanics, CAS)	92	88
复杂系统管理与控制国家重点实验室（中国科学院自动化研究所） State Key Laboratory of Management and Control for Complex Systems (Institute of Automation, CAS)	86	69
计算机体系结构国家重点实验室（中国科学院计算技术研究所） State Key Laboratory of Computer Architecture (Institute of Computing Technology, CAS)	106	70
发光学及应用国家重点实验室（中国科学院长春光学精密机械与物理研究所） State Key Laboratory of Luminescence and Applications (Changchun Institute of Optics, Fine Mechanics and Physics, CAS)	86	59

续表 6-17

流动人员 Guest researchers	人才培养 Talent training		
	博士后 Postdoctors	博士 Candidates for doctor's degree	硕士 Candidates for master's degree
74	3	84	60
19		119	56
9	9	113	134
72	26	185	201
32		98	79
22	9	99	177
15	5	188	146
10		159	90
87	22	149	87
18	15	115	70
8		160	158
1		73	65

6-18 国家重点实验室

Basic Statistics of Research Projects Conducted by

单位：个

学科 Field	合计 Total	国家科技重大专项 National Science and Technology Major Project	国家重点研发计划 National Key R&D Program of China	"863"课题 "863" Projects	"973"课题 "973" Projects
总计 Total	**12965**	**185**	**1290**	**11**	**137**
数学、物理 Mathematics & physics	1493	10	150		8
化学 Chemistry	2059	2	173	2	32
地球科学 Geoscience	3071	32	348	1	30
生物、医学 Biology & Medicine	2831	106	278	4	51
技术科学 Technological sciences	3511	35	341	4	16

6-19 国家重点实验室科研

Statistics of Research Project Funds

单位：千元

学科 Field	合计 Total	国家科技重大专项 National Science and Technology Major Project	国家重点研发计划 National Key R&D Program of China	"863"课题 "863" Projects	"973"课题 "973" Projects
总计 Total	**8002660**	**409630**	**1428362**	**86**	**16131**
数学、物理 Mathematics & physics	1339234	12195	293577		2640
化学 Chemistry	886479	1453	141160		2505

课题情况（2018 年）

the State Key Laboratories: 2018

（unit）

国家基金 重大项目 NSFC Major Program	国家基金 重点项目 NSFC Key Program	国家基金 创新研究群体 NSFC Innovation Research Group	国家杰出 青年基金 National Outstanding Youth Fund	部委课题 Projects at the Ministerial Level	其他 Others
173	**269**	**21**	**73**	**1545**	**9261**
53	36	4	17	112	1103
34	40	3	13	279	1481
35	59	4	18	354	2190
30	46	5	13	476	1822
21	88	5	12	324	2665

课题经费投入情况（2018 年）

for the State Key Laboratories: 2018

（thousand yuan）

国家基金 重大项目 NSFC Major Program	国家基金 重点项目 NSFC Key Program	国家基金 创新研究群体 NSFC Innovation Research Group	国家杰出 青年基金 National Outstanding Youth Fund	部委课题 Projects at the Ministerial Level	其他 Others
216187	**141560**	**53250**	**53975**	**699838**	**4983641**
133564	25727	7047	16750	129500	718234
25721	21445	7398	9150	55232	622415

学科 Field	合计 Total	国家科技重大专项 National Science and Technology Major Project	国家重点研发计划 National Key R&D Program of China	“863”课题 “863” Projects	“973”课题 “973” Projects
地球科学 Geoscience	1580726	56870	299129		8367
生物、医学 Biology & Medicine	1453536	81974	253087	86	2260
技术科学 Technological sciences	2742685	257138	441409		359

6-20 国家重点实验室

Statistics of Research Results from

学科 Field	获奖研究成果（项） Award-winning S&T Research results (item)				
	国家级奖 National awards			院、 Academy and	
	特等奖 Special class	一等奖 1st class	二等奖 2nd class	特等奖 Special class	一等奖 1st class
总计 Total		**1**	**14**	**4**	**71**
数学、物理 Mathematics & physics		1	2		1
化学 Chemistry			2	1	10
地球科学 Geoscience			5	2	16
生物、医学 Biology & medicine					8
技术科学 Technological sciences			5	1	36

续表 6-19

国家基金重大项目 NSFC Major Program	国家基金重点项目 NSFC Key Program	国家基金创新研究群体 NSFC Innovation Research Group	国家杰出青年基金 National Outstanding Youth Fund	部委课题 Projects at the Ministerial Level	其他 Others
25353	36250	7665	10825	154600	981667
16679	28893	10084	10300	159364	890809
14870	29245	21056	6950	201142	1770516

科技成果情况（2018 年）

the State Key Laboratories: 2018

部委奖 ministerial awards	论文（篇）Thesis（No. of articles）	专著（种）Monographs（title）		授权专利 Patents granted（发明）(Invention)（项）(item)
二等奖 2nd class		中文 Chinese language	外文 Foreign language	
40	**16826**	**130**	**56**	**1886**
1	2665	7	4	255
7	3477	13	18	384
10	4690	77	13	149
6	2340	19	11	196
16	3654	14	10	902

6-21　工程中心总体情况

General Statistics of Engineering Research Centers

项目　Items	2013 年	2014 年	2015 年	2016 年	2017 年	2018 年
一、经济情况 Economic status						
收入总额（万元） Total income (ten thousand yuan)	546491	600998	784331	946807	1364044	1639096
技术性收入（万元） Technology income (ten thousand yuan)	98233	253562	163343	182267	370403	375350
生产性收入（万元） Production income (ten thousand yuan)	136199	282020	278517	744801	968411	1233893
其他（万元） Others (ten thousand yuan)	312059	65416	13269	19657	11267	29853
利税总额（万元） Total profit and tax (ten thousand yuan)	52941	58752	73609	121417	113716	147645
资产总额（万元） Total assets (ten thousand yuan)	822688	1042139	1327226	2099469	2786160	3392908
固定资产（万元） Fixed assets (ten thousand yuan)	261694	332573	341175	402310	620483	707737
二、基本建设 Capital construction						
计划总投资（万元） Total investment (ten thousand yuan)	228406	204716	136856	116388	173116	156986
已完成总投资（万元） Completed invested (ten thousand yuan)	230219	178094	123898	97985	123657	106663
国家拨款（万元） State allocation (ten thousand yuan)	52511	60281	60801	14516	54882	28259
贷款（万元） Loan (ten thousand yuan)	16620	5480	3510		750	1000
自筹（万元） Self-raised fund (ten thousand yuan)	143116	101164	38727	77662	49008	34338

续表 6-21

项目 Items	2013 年	2014 年	2015 年	2016 年	2017 年	2018 年
其他（万元） Others (ten thousand yuan)	16158	11169	15602	151	6501	43066
已完成的基建规模 Completed capital construction				11800		
投资（万元） Investment (ten thousand yuan)	78544	67637	24506	38190	38054	33491
面积（平方米） Floor space (square meter)	369420	210762	51550	93195	93374	76508
三、科技成果 S&T research results						
获奖总数（项） Total awards (item)	158	105	81	100	101	136
国家级奖 National awards	18	12	11	6	20	12
省部级奖 Provincial & ministry awards	60	44	35	37	46	54
其他 Others	80	49	51	73	36	70
专利申请量（件） Patents applied (item)	1933	2073	1775	2019	2105	2171
专利授权（件） Patents granted (item)	1020	1012	817	1182	1349	1219
四、技术转移 Technology transfer						
技术服务、咨询（项） Technical service and consultation (item)	3057	2644	1715	3052	4030	4564
技术培训（人次） Technical training (person • time)	18650	19914	12703	22717	26403	23406
受让企业新增产值（万元） Enterprise's newly increased value of output (ten thousand yuan)	3974135	2691813	4912074	2970129	7199625	8466633

6-22 工程中心各类
Statistics of Various Kinds of Staff

工程中心名称 Names of engineering research center	合计 Total	专业技术人员 Professional technical staff	高级 Senior	中级 Middle level
总计 Total	**12029**	**7438**	**2486**	**2433**
工程塑料国家工程研究中心 National Engineering Research Center for Engineering Plastics	90	51	28	23
基础软件国家工程研究中心 National Engineering Research Center of Fundamental Software	163	160	16	46
信息安全共性技术国家工程研究中心 National Engineering Research Center for Information Security	198	145	38	107
光电子器件国家工程研究中心 National Engineering Research Center for Optoelectronic Devices	366	295	124	171
高性能均质合金国家工程研究中心 National Engineering Research Center for High Performance Homogenized Alloys	157	96	73	23
机器人技术国家工程研究中心 National Engineering Research Center for Robot	3063	2427	105	380
高档数控国家工程研究中心 National Engineering Research Center for High-End Computer Numerical Control	308	193	105	88
膜技术国家工程研究中心 National Engineering Research Center for Membrane Technology	119	35	11	24
精细石油化工中间体国家工程研究中心 National Engineering Research Center for Fine Petrochemical Intermediates	236	204	108	96
手性药物国家工程研究中心 National Engineering Research Center for Chiral Drugs	117	76	25	27
燃料电池及氢源技术国家工程研究中心 National Engineering Research Center of Fuel Cells and Hydrogen Technology	169	99	16	33
国家生化工程技术研究中心 National Engineering Research Center for Biotechnology	63	41	31	10
国家遥感应用工程技术研究中心 National Engineering Research Center for Geoinformatics	118	118	59	44
国家并行计算机工程技术研究中心 National Research Center of Parallel Computer Engineering & Technology	127	107	17	33
国家高性能计算机工程技术研究中心 National Engineering Research Center for High Performance Computer	2736	183	43	140
国家专用集成电路设计工程技术研究中心 National Engineering Research Center for ASIC Design	139	125	28	43
中国岩土工程研究中心 Chinese Research Center of Geotechnical Engineering	47	27	12	13

人员情况（2018 年）

at Engineering Research Centers: 2018

学位 Degrees		学历 Education experience			按工作性质分 By working sectors					
博士 Ph.D	硕士 MS	研究生 Post graduate	大学生 Graduate	其他 Others	管理人员 Adminis-trative staff	研究开发人员 R&D Staff	质量监督人员 Quality supervision staff	市场营销人员 Market staff	生产人员 Produc-tion staff	其他 Others
2384	**3103**	**5441**	**5538**	**1050**	**835**	**8020**	**265**	**1039**	**1617**	**253**
22	13	39	10	41	9	43	2	11	24	1
19	76	91	72		11	151	1			
9	33	42	156		25	133	8	32		
133	59	201	104	61	17	273	11	18	42	5
59	35	94	20	43	2	60	12	8	14	61
88	1034	1122	1806	135	79	2274	97	116	468	29
10	90	85	180	43	19	194	6	15	54	20
3	8	8	56	55	27	48	4	14	15	11
121	82	182	48	6	6	207	5	7	11	
19	11	30	35	52	10	36	14	4	46	7
4	35	39	57	73	33	49	2	11	68	6
36	11	47	16		3	38	2	1	16	3
75	20	95	8	15	2	102	1			13
8	54	66	52	9	10	102	5	2	3	5
43	591	634	2102		270	1409	10	699	348	
36	59	95	37	7	14	107	5	4	9	
4	20	20	14	13	3	37	2	3	2	

工程中心名称 Names of engineering research center	合计 Total	专业技术人员 Professional technical staff		
			高级 Senior	中级 Middle level
国家卫星定位系统工程技术研究中心 National Center of GNSS Engineering Technology	60	52	38	
国家淡水渔业工程技术研究中心 National Engineering Research Center for Freshwater Fisheries	80	80	57	22
国家金属腐蚀控制工程技术研究中心 National Engineering Research Center for Corrosion Control	87	53	27	12
国家真空仪器装置工程技术研究中心 National Engineering Research Center of Vacuum Instruments	351	215	62	52
国家催化工程技术研究中心 National Engineering Research Center for Catalysis	465	357	195	88
国家节水灌溉工程技术研究中心 National Engineering Research Center for Water-Saving irrigation	46	43	36	7
国家天然药物工程技术研究中心 National Engineering and Technology Research Center for Natural Medicines	180	111	51	60
国家光电子晶体材料工程技术研究中心 National Engineering Research Center for Optoelectronic Crystalline Materials	114	114	66	41
国家网络新媒体工程技术研究中心 National Engineering Research Center for Network New Media Technology	85	85	55	27
国家荒漠-绿洲生态建设工程技术研究中心 National Engineering Technology Research Center for Desert-Oasis Ecological Construction	68	64	45	19
国家环境光学监测仪器工程技术研究中心 National Engineering Research Center of Environmental Optic Monitoring Instruments	103	81	70	28
国家光栅制造与应用工程技术研究中心 National Engineering Research Center for Diffraction Gratings Manufacturing and Application	66	46	22	24
国家半导体泵浦激光工程技术研究中心 National Engineering Research Centre for DPSSL	78	39	3	6
国家海洋腐蚀防护工程技术研究中心 National Marine Corrosion and Protection Engineering Research Center	39	39	23	16
中国科学院计算机语言信息工程研究中心 CAS Engineering Research Center for Computer & Language Information	5		2	
中国科学院放射性药物联合研究开发中心 CAS Engineering Research Center for Radiopharmaceuticals	16	15	6	9
中国科学院有机合成工程研究中心 CAS Engineering Research Center of Organic Synthesis	163	140	58	46
中国科学院精密铜管工程技术研究中心 CAS Engineering Research Center for Precise Copper Pipes	28	28	5	18

续表 6-22

学位 Degrees		学历 Education experience			按工作性质分 By working sectors					
博士 Ph.D	硕士 MS	研究生 Post graduate	大学生 Graduate	其他 Others	管理人员 Adminis-trative staff	研究开发人员 R&D Staff	质量监督人员 Quality supervision staff	市场营销人员 Market staff	生产人员 Produc-tion staff	其他 Others
25	32	52	7	1	9	49				2
62	9	71	8	1	6	70		2	2	
13	17	30	28	29	8	45	5	14	12	3
1	35	36	133	182	31	177	11	21	84	27
134	101	218	162	85	35	362	5	17	34	12
33	4	37	4	5	3	41				2
49	58	107	62	11	15	111			41	13
51	48	102	8	4	4	110				
45	22	67	16	2	10	63	1	7	4	
44	5	49	15	4	4	64				
74	17	91	7	5	3	83	11	2	4	
24	17	41	23	2	2	44	2	2	14	2
3	7	9	28	41	14	13	7	3	24	17
36	2	38	1		4	35				
1	1		3	2	1	4				
5	8	13	2	1	2	12	1			1
44	30	79	62	22	23	140				
3	5	8	17	3	2	24	1	1		

工程中心名称 Names of engineering research center	合计 Total	专业技术人员 Professional technical staff		
			高级 Senior	中级 Middle level
中国科学院北方液晶工程研究开发中心 North Liquid Crystal Engineering R&D Center	15	15	3	3
中国科学院热安全工程研究中心 CAS Engineering Research Center for Thermal Safety	23	22	18	4
甲醇制烯烃国家工程实验室 National Engineering Laboratory for Methanol To Olefins	66	64	52	12
中药标准化技术国家工程实验室 National Engineering Laboratory for TCM Standardization Technology	31	29	14	9
工业酶国家工程实验室 National Engineering Laboratory for Industrial Enzymes	119	114	58	56
煤炭间接液化国家工程实验室 National Engineering Laboratory for Indirect Coal Liquefaction	162	112	50	47
湿法冶金清洁生产技术国家工程实验室 National Engineering Laboratory for Cleaner Production Technology of Hydrometallurgy	221	180	94	51
遥感卫星应用国家工程实验室 National Engineering Laboratory for Satellite Remote Sensing Applications	124	100	46	54
信息内容安全技术国家工程实验室 National Engineering Laboratory for Information Content Security	127	123	37	86
真空技术装备国家工程实验室 National Engineering Laboratory for Vacuum Technological Equipment	62	55	25	27
碳纤维制备技术国家工程实验室 National Engineering Laboratory for Carbon Fiber Preparation	56	54	26	24
土壤养分管理国家工程实验室 National Engineering Laboratory for Soil Nutrients Management	77	67	44	9
大气环境污染监测先进技术与装备国家工程实验室 National Engineering Laboratory for Advanced Technology and Equipment of Atmospheric Pollution Monitoring	103	101	70	28
畜禽养殖污染控制与资源化技术国家工程实验室 National Engineering Laboratory for Pollution Control and Waste Utilization in Livestock and Poultry Production	72	52	38	14
高难度难降解有机废水处理技术国家工程实验室 National Engineering Laboratory for Industrial Wastewater Treatment	48	48	32	16
挥发性有机物污染控制材料与技术国家工程实验室 National Engineering Laboratory for VOCs Pollution Control Material & Technology	17	15	12	3
类脑智能技术及应用国家工程实验室 National Engineering Laboratory for Brain-inspired Intelligence Technology and Application	67		61	
农田土壤污染防控与修复技术国家工程实验室 National Engineering Laboratory of Soil Pollution Control and Remediation Technologies	141	103	72	48
大数据分析系统国家工程实验室 National Engineering Laboratory for Big Data Analysis System	248	240	74	166

续表 6-22

学位 Degrees		学历 Education experience			按工作性质分 By working sectors					
博士 Ph.D	硕士 MS	研究生 Post graduate	大学生 Graduate	其他 Others	管理人员 Administrative staff	研究开发人员 R&D staff	质量监督人员 Quality supervision staff	市场营销人员 Market staff	生产人员 Production staff	其他 Others
1	2	2	4	9	2	5	1	1	6	
14	7	21	2	0	1	22	0	0	0	0
38	21	59	7	0	0	66	0	0	0	
10	14	24	5	2	2	29	0	0	0	
74	39	114	4	1	3	116				
52	37	89	23	50	10	102			50	
150	53	201	15	5	26	188	2	2	1	2
80	20	100	24		10	114				
57	66	123	4		3	120	1			3
13	18	31	31		8	35	3	3	10	3
17	23	40	13	3	5	45	3		2	1
44	7	51	9	17	5	46	4	10	10	2
74	17	91	7	5	3	83	11	2	4	
51	9	60	12		7	52	7	5		1
46	2	48			4	44				
15		17			2	15				
62	2	64	3		5	62				
111	16	128	8	5	7	124	2	2	5	1
139	101	240	8		16	42			190	

主要统计指标解释

人　　员

1. 从事科技活动人员

指职工总数中的科技管理人员、课题活动人员和科技服务人员。

科技管理人员　指院、所领导及业务、人事管理人员，包括直接从事科技计划管理、课题管理、成果管理、专利管理、科技统计、科技档案管理、科技外事工作、人事管理、教育培训、财务等活动的人员。

课题活动人员　指编制在研究室或课题组的人员。

科技服务人员　指从事图书、情报、测试、试验、咨询、物资器材供应等工作的人员以及实验室、试验工厂（车间）、试验农场的人员。不包括司机、门卫、食堂人员、医务人员、清洁工以及幼儿园、托儿所工作人员等。

2. 科学家和工程师

指具有大学毕业及以上学历的或具有高、中级技术职称（务）的人员。

3. 其他人员

指职工总数中除了从事科技活动和生产、经营活动人员以外的其余人员，包括从事医疗、工程设计、教学培训和生活后勤服务人员等。

4. 从事生产、经营活动人员

指主要从事定型产品的批量生产、单位内部招待所、商店、出版印刷等生产经营和对外服务活动的人员。在机构下属经济实体中的院所编制人员也应包括在内。

经　　费

1. 经费

包括暂收（暂付）款，经费收入中各项皆为毛收入。

2. 科技活动收入

政府资金　指由各级政府部门直接拨款或企事业单位利用政府资金委托本机构从事科学技术活动所获得的收入。

★财政补助收入　指由中央或地方财政通过预算的形式拨给本机构的经费，包括正常经费和专项经费。单位收到由财政部门拨给主管部门和上级单位转拨的科学事业费，以及由财政部门拨给上级主管部门和上级单位以科研课题或项目下达的科学事业费，均属财政预算拨款。

★承担政府科研项目收入　指本机构为了开展科学研究、新产品试制、中间试验、科技成果示范性推广等科技活动，通过签订协议、合同或其他形式申请并获得的政府经费，包括课题专项、设备专项和其他专项。

技术性收入 指本机构从事科学技术活动所获得的非政府资金（毛收入），如：企事业单位和社会团体利用自有资金委托本机构开展科学技术活动所提供的资金，由技术开发收入、技术转让收入、技术咨询及服务收入、学术活动和生产科普活动收入几项合计。

★来自企业 指本机构通过接受企业委托、为企业提供技术开发、技术咨询服务等形式从事科学技术活动而从企业获得的收入。

★技术开发收入 指本机构承接社会各方面委托的有关新技术、新产品、新工艺和新材料及其系统的研究开发任务而获得的收入。

★技术转让收入 指本机构通过专利权转让、专利申请权转让、专利实施许可、非专利技术的转让所获得的收入。

★技术咨询、服务、培训、承包收入 不包括建设工程的勘探、设计、施工、安装和加工承揽。

★国外资金 指中国境外的企业、大学、国际组织、民间组织、金融机构及外国政府提供给在中国境内注册的各类单位用于科技活动的经费。不包括外国在中国注册的企业提供的经费。

★科技活动借贷款 指本机构为开展科技活动从各种渠道获得的各种借、贷款。不论偿还形式、期限和数额如何，均按当年获得的借、贷款额填报。不包括基本建设贷款。

★其他资金 指除上述各项以外可以用于科技活动的收入，包括国内外社会和个人赞助、捐赠、投资收益等。

3. 科技经费内部支出

指本单位在报告期内用于内部开展科技活动实际支出的费用，包括来自科研渠道以及其他各种渠道的经费实际用于科技活动支出的费用，也包括外协加工费。

★人员费用 指以货币或实物形式直接或间接支付给科技活动人员的劳动报酬及各种费用，包括各种形式的工资、补助工资、津贴、价格补贴、奖金、福利、失业保险、养老保险、医疗保险、工伤保险、人民助学金等，也包括支付给研究生的助学金、奖学金等开支。为科技活动提供间接服务人员的劳务费不计入此项。

★设备购置费 指本单位使用非基本建设投资购建费购买用于科技活动的固定资产的实际支出额。固定资产指长期使用而不改变原有的实物形态，单位价值在规定标准以上的主要物资设备，如科研仪器设备、图书资料、实验材料和标本以及其他科研设备。

★其他日常支出 指本单位用于科技活动除上述以外的支出。例如，用于科技活动的原材料费、水电能源费、差旅费、加工试验费、设备使用费、计算机机时费、资料印刷费等。培训研究生的消耗性支出也一并统计。

基 本 建 设

1. 基本建设投资实际完成额

指本机构在报告期内完成的用货币表示的基本建设工作量。

2. 自筹

指在当年基本建设投资实际完成额中自筹投资的部分，自筹部分应包括拨改贷后须由机构自身偿还的贷款。

3. 科研仪器设备

指本机构在基本建设投资的实际完成额中购置的科研仪器设备总值。非科研设备购置不计入此项。

4. 科研土建工程

指本机构在基本建设投资的实际完成额中完成的科研土建工作量（如科研楼、试验用房等）。非科研土建工程（如住房等）不计入此项。

科 技 活 动

1. 课题活动分类

基础研究 指为获得新知识而进行的独创性研究。其目的是揭示观察到的现象和事实的基本原理和规律，而不以任何特定的实际应用为目的。

应用研究 指为获得新的科学技术知识而进行的独创性研究。它主要针对某一特定的实际应用目的。应用研究通常是为了确定基础研究成果或知识的可能的用途，或是为达到某一具体的、预定的实际目的确定新的方法（原理）或途径。

★区分基础研究与应用研究的主要标志 具有特定的实际应用目的。

试验发展 利用从研究或实际经验获得的知识，为生产新的材料、产品和装置，建立新的工艺和系统，以及对已生产或建立的上述各项进行实质性的改进而进行的系统性工作。

★区分科学研究（基础研究和应用研究）与试验发展的主要标志 前者主要是为了增加科学技术知识，后者则是为了开辟新的应用领域（如新材料或新技术）。

★区分科学研究与试验发展及其他有关活动的主要标志 具有创新成分的活动归于前者。

研究与试验发展成果应用 为解决 R&D 活动阶段产生的新产品、新装置、新工艺、新技术、新方法、新系统和服务等投入生产或实际应用所存在的技术问题而进行的系统性活动。它不具有创新成分，此类活动包括为达到生产目的而进行的定型设计和试制，以及为扩大新产品生产规模和新方法、新技术、新工艺等的应用领域而进行的适应性试验。

★研究与试验发展、研究与试验发展成果应用和工业生产活动三者之间的界限大致划分如下：

（1）新产品的研制

实质性的新产品，即完全新的新产品或对现有产品的性能进行重大改进的设计、制造和试验，是研究与试验发展活动。对引进（或购买）现成的技术成果（如专利、技术诀窍、图纸和样机等）进行复制或直接应用而形成新产品的过程，不是研究与试验发展活动，而是研究与试验发展成果应用活动。

（2）新工艺、新方法的研制

对新工艺、新方法的研制或对现有工艺、生产过程进行实质性的技术改进，是研究与试验发展。采用国内已有的生产工艺或生产过程，而在技术上没有实质性的改进，只是对采用的生产工艺或生产过程做适应性的试验，不属于研究与试验发展，而是研究与试验发展成果应用活动。

（3）中间试验

新产品、新工艺、新生产过程直接用于生产前，往往要进行中间试验，以解决一系列的技术问题，情况比较复杂，对其是否属于研究与试验发展应视具体情况而定。

如果进行中间试验的直接目的是为了从技术上进一步改进产品、工艺或生产过程或为此目的进行试验以获得经验和收集数据，是研究与试验发展；如果为了进行产品的定型设计，获取生产所需的技术参数，那么就不是研究与试验发展，而是研究与试验发展成果应用活动。

（4）试生产

试生产是在完成了生产前的各项技术准备后，在正式生产前的“试验性”生产。试生产的直接目的不是对产品或生产过程在技术方面做进一步的改进，而是为了使生产能顺利进行，因而既不属于研究与试验发展，也不属于研究与试验发展成果应用活动。

（5）质量控制与检验测试

生产过程的质量控制及材料、设备、产品的常规检验、测试，不属于研究与试验发展，也不属于研究与试验发展成果应用活动，原型检验测试和非商业性的试验工厂（中试车间）中的检验测试，属于研究与试验发展。

（6）市场研究

既不是研究与试验发展，也不是研究与发展成果应用活动。

科技服务　与科学研究与试验发展有关，并有助于科学技术知识的产生、传播和应用的活动。包括：为扩大科技成果的使用范围而进行的示范性推广工作；为用户提供科技情报和文献服务的系统性工作；为用户提供可行性报告、技术方案、建议及进行技术论证等技术咨询工作；自然、生物现象的日常观测、监测，资源的考察和勘探；有关社会、人文、经济现象的通用资料的收集，如统计、市场调查等，以及这些资料的常规分析与整理；为社会和公众提供的测试、标准化、计量、计算、质量控制和专利服务，不包括工商企业为进行正常生产而开展的上述活动。

生产性活动　由于具备特殊的工艺设备条件或掌握某种技术专长或诀窍所进行的小量非常规生产。

2. 课题经费支出

指当年为进行该课题研究而从课题经费中直接支出的全部经费（不包括与外单位合作进行该课题研究而拨给对方使用的经费）。

3. 课题参加人员折合全时工作量

指按工作量计算的当年实际参加课题活动的各类人员总数。统计时首先把课题人员分离为全时人员和非全时人员，然后折算为全时工作量。

全时人员　指在本年度工作中，从事该课题活动的工作量（累计工作时间与本人全年工作总时间之比）在 0.9 以上（含 0.9）的人员数。

非全时人员　指在本年度工作中，从事该课题活动的工作量在 0.1～0.9 的人员数。工作量不到 0.1 不计在内。

全时当量　指全时人员数加所有非全时人员的工作量总和，数值取小数点后一位。

国家重点实验室

1. 固定人员

指由实验室主任聘任并有一定任期的相对稳定的研究人员、技术人员和管理人员。国家重点实验室的固定人员可以由室主任连聘连任。

2. 客座人员

指通过课题申请并获准来开放实验室从事研究工作的所内外工作人员。开放实验室的客座人员没有固定任期，在课题获准进行期内属于开放实验室的人员，享受固定人员同等待遇，课题结束之后，必须离室，因此客座人员是流动的。

3. 学委会审批课题

经学术委员会审议批准，用开放经费支持的课题。固定客座合作课题指由开放实验室固定、客座人员合作共同承担的学委会审批课题。

Explanatory Notes on Key Indicators

Personnel

1. S&T activity personnel

S&T activity personnel comprise S&T management personnel, project activity personnel and S&T service personnel.

S&T management personnel refers to leaders at various levels in the academy and institutes and those who are engaged in S&T and personnel management, including those who participate directly in such activities as S&T planning, project management, research achievement management, patent management, S&T statistics, management of S&T archives, S&T international cooperation, personnel management, education and training, and finance.

Project activity personnel refers to staff whose payroll is in the laboratory or project research group.

S&T service personnel refers to those engaged in library, information, measurement, testing, consultation, material and equipment supply as well as those working in laboratories, pilot factories (workshops) and experimental farms. They should not include drivers, janitors, and persons working in mess halls, medical houses, kindergartens and nurseries.

2. Scientists and engineers

This heading can be defined as persons who are of higher educational level or have senior or middle level academic titles.

3. Other personnel

This mainly refers to staffs in addition to personnel engaged in scientific and technological activities and production and business activities, including medical, engineering design, teaching and training and life logistics service personnel.

4. Production and business activity personnel

This mainly refers to staffs who are engaged in the production, business activity and services such as batch process of finalized products, management and services in the guesthouses and shops, and publication and printing. Staff on the CAS and institute payroll who work in the economic entities attached to the institution shall also be included.

Funds

1. Funds

Funds include temporary collection and temporary payment. Items included in the current intramural income are all gross income.

2. Income of S&T activities

Income from government funds This heading refers to funds directly allocated by government departments at all levels or income obtained by a particular institution through conducting S&T activities entrusted by enterprises and institutions using government funds.

★Income from government subsidy This refers to budgetary funds allocated by the central or local financial departments, including normal funds and special funds. The operation funds for scientific research obtained from the financial departments via higher authorities and the operating funds for scientific research obtained from the financial departments via higher authorities designated for research projects are all in the category of financial budgetary allocation.

★Income from undertaking government research projects This refers to funds received by a particular institution from the government for the purpose of carrying out S&T activities through signing agreements, contracts or other forms of application, such as scientific research, new product development and experiment, pilot experiment, and demonstration and commercialization of S&T results. This includes special funds for research projects, equipment and other items.

Technical income This refers to the gross income obtained by a particular institution from non-governmental departments for undertaking S&T activities, such as self-raised funds from institutions, enterprises and social organizations for entrusting the particular institution to carry out S&T activities. It also includes income from technology development, technology transfer, technology consultation and service, academic activities and production, and science popularization activities.

★From enterprises This refers to the income obtained by a particular institution from the enterprises by undertaking entrusted S&T activities for the enterprises in the form of technology development, technology consultation and service.

★Income from technology development This refers to income received by a particular institution from commissioned R&D on new technologies, products, processes, materials and systems.

★Income from technology transfer This refers to income received by a particular institution from transfer of its patents, patent application rights, patent licenses and non-patented technologies.

★Income from technological consultation, services, training and contracts This heading excludes the income from exploitation of construction engineering, design, construction, installation and contracts for processing.

★Overseas Funds This heading refers to the funds provided by overseas enterprises, universities, international organizations, non-government organizations, financial agencies and foreign governments to the institutions and units registered in China for S&T activities. This excludes the funds provided by the foreign enterprises registered in China.

★Loans for S&T activities This heading refers to all kinds of loans obtained by a particular institution from various sources for S&T activities. No mater what kind of form, duration and volume of the repayment will be, the total monetary volume of loans obtained in the reference year should be recorded. But, any loans for capital construction is not included.

★Other Income This heading refers to the income, both from home and abroad, such as donations from the society and individuals as well as some investment income for S&T activities, etc., which does not fall into the above-mentioned categories.

3. Current Intramural Expenditure

This refers to actual expenditure for S&T activities by a particular institution within the reported period, including all the expenses for S&T activities funded by not only research and development (R&D) channels but also other sources. This also includes the expenditure for the products processing with outside cooperation.

★Personnel cost This refers to the expenditure paid by a particular institution to its staff, directly or indirectly, in cash or in kind, including basic salary, subsidiary salary, allowances, price subsidiary, bonus, welfare funds for staff, unemployment insurance, old-aged pension, medical care insurance, insurance against injury at work, people's fellowship, etc., including stipend and fellowship for graduate students. This excludes the remuneration for personal services.

★ Equipment purchasing expenditure This refers to the exact expenditure of non-capital construction investment spent by a particular institution on purchasing fixed assets for S&T activities. Fixed assets cover major equipment and installations with unit price above the set quota, which can be used over a long period of time without changing their original material forms (or appearances), such as scientific research equipment and installations, books, library materials, laboratory materials and specimens as well as other facilities for research activities.

★Other daily expenditure This refers to the expenditure spent by a particular institution for S&T activities, which is not included in the above-mentioned items, such as costs of raw materials for the performance of S&T activities, charges for water and electricity, travel, expenses directly associated with processing and experiments, costs of equipment utilization, computer times, printing of materials, etc., and consumptive expenditure for graduate student training is also included.

Capital Construction

1. Actual expenditure in capital investment

This refers to the amount of capital construction work completed by a particular institution in the reference year, which is expressed in monetary terms.

2. Self-raised funds

This refers to funds raised by a particular institution in the actual spending in capital investment. It includes loans, which should be paid back by the institution itself after the reform of the S&T appropriation system.

3. Scientific research instruments and equipment

This refers to the total expenditure on scientific research equipment in the actual capital expenditure. Expenditure on nonresearch equipment is not included in this category.

4. Civil engineering projects for scientific research

This refers to the actual amount of work completed by a particular institution on research facilities (such as research and experiment buildings) in the actual expenditure of capital investment. Construction project not for research purpose (such as living quarters) is not included.

S&T Activities

1. Classification by project activity

Basic research Basic research can be defined as any original research undertaken to acquire new knowledge. Its purpose is to explore the underlying principles and laws of observed phenomena and facts, without any particular practical application in view.

Applied research Applied research is defined as any original research undertaken in order to acquire new scientific and technological knowledge. It is, however, directed primarily towards a specific practical aim or objective. Applied research is usually undertaken to determine the possible application of the results or knowledge from basic research, or to determine new methods or ways of achieving some specific and predetermined practical aim.

★The main criterion for distinguishing basic research from applied research is that the latter has specific practical application in view.

Experimental development Experimental development can be defined as any systematic work, drawing on existing knowledge gained from research and/or practical experience, that is directed to producing new materials, products and devices, to installing new processes and systems, and to improving substantially those already produced or installed.

★The main criterion for distinguishing scientific research (basic or applied) from experimental development is that whereas the former is primarily directed towards the increase of S&T knowledge, the latter is directed towards the introduction of new application (e.g. new materials or technologies).

★The main criterion for distinguishing scientific research from experimental development is that the former involves creative activities.

Application of research and experimental development results Application of research and experimental development results can be defined as any systematic work that is directed to the technical issues in the production and practical use of new products, new devices, new processes, new techniques, new methods, new systems and services which are generated from research and development results. This kind of activity does not involve creation and innovation. It includes finalized design and pilot development for production purposes as well as adaptability testing directed to expanding the production scale of new products and the application of new methods, technologies and processes.

★The main criterion for distinguishing research and experimental development, application of research and experimental development results, and industrial activities is basically the following:

(1) Development of new products

Activities directed towards the development of new products, that is, completely new products, substantial improvement of the design, development and experiment on the properties of existing products, should be defined as research and experimental development, while the process of producing new products through copy or direct use of imported (or purchased) technical results (such as patents, technical know-how, blueprints and prototypes) should not be mentioned as research and experimental development. It falls into the category of application of research and experimental development results.

(2) Development of new processes and methods

The development of new processes or methods and the substantial technical improvement of existing technologies and production processes are research and experimental development. Activities involved in adopting existing domestic production techniques or processes without making substantial improvements (or when only adaptability testing is conducted) cannot be considered as research and experimental development. They are the application of research and experimental development results.

(3) Pilot experiment

Before new products, technologies and production processes can be used in production, pilot experiments are usually carried out in order to solve a series of technical issues. These experiments are complex in nature and whether they are considered as research and experimental development or not can only be judged according to concrete conditions.

If the immediate aim of the pilot experiment is to make further technical improvement of existing technologies and production processes are research acquisition of experience and data for that purpose, the activity should be regarded as research and experimental development. If, on the contrary, the immediate aim is to make finalized design for a product and to obtain technical data needed for the production, the activity should be regarded as research and experimental development. It is a part of the application of research and experimental development results.

(4) Trial production

Trial production can be defined as "experimental" production conducted after various technical preparations are completed but before full scale production is started. Since the immediate aim of trial production is not to make further technical improvement of the product or the production process concerned but to get the production process working smoothly, it is neither research and experimental development, nor application of research and experimental development results.

(5) Quality control, checking and testing

Quality control of production processes and routine checking and testing of materials, devices and products are neither research and experimental development nor application of research and experimental development results. However, the testing of prototypes and testing conducted in a non-commercial pilot plant (workshop) should be regarded as research and experimental development.

(6) Market study

This is neither research and experimental development, nor application of research and experimental development results.

Scientific and technical services Scientific and technical services can be defined as any activities concerned with scientific research and experimental development and contributing to the generation, dissemination and application of scientific and technological knowledge. They include the demonstration and popularization activities to introduce the application of scientific and technological results; systematic work on scientific and technological information and documentation services; technical consultation provided to users such as feasibility studies, technical schemes, proposals and technical investigations; routine observation and monitoring of natural and biological phenomena, surveying and exploration of resources; and the gathering of general information on social, human and economic phenomena (such as statistics and market studies); as well as the routine analysis and compilation of the above mentioned information; testing, standardization, metrology, computation, quality control and patent services (excluding the above mentioned activities carried out by industries for normal production).

Productive activities This heading refers to small-scale non-conventional production undertaken because of possessing special processing equipment and facilities or technical specialties and know-how.

2. Total direct expenditure by project group

This refers to the total funds actually spent directly by the project group for the research of the project. It does not include funds transferred to the cooperators if the project is conducted jointly.

3. Full-time equivalent of project activity personnel

This refers to the total number of various kinds of personnel who actually participate in the project activities in the reference year, calculated according to their work load. In making the statistics, the project activity personnel are first classified as full-time personnel and part-time personnel and their work load are then converted into full-time work load.

Full-time personnel This refers to the number of personnel whose work load for the project activity (the ratio between accumulated working hours spent on the project activity and the total hours worked in the reference year) is 0.9 or above.

Part-time personnel This refers to the number of personnel whose work load for the project activity is from 0.1 to 0.9. Those whose work load for the project activity is less than 0.1 are not included.

Full-time equivalent This refers to the total work load of full-time personnel and part-time personnel.

State Key Laboratories

1. Permanent researchers

This refers to research, technical and managerial personnel who are invited or engaged by the directors of the open laboratories to serve for certain terms.

2. Guest researchers

This refers to scientists both inside and outside the institutes who conduct research activities at the

State Key laboratories after their research applications have been approved. Guest researchers do not serve for fixed terms. They are on the staff of the State Key laboratories within the allowed period for pursuing their research subjects and enjoy the same treatment as the permanent staff does, but must leave the laboratories upon completion of their research.

3. Projects approved by the academic committees

This refers to research projects, which are approved by the academic committees and funded by the open laboratory research funds. Jointly conducted projects refer to those research projects which are approved by the academic committees and are jointly conducted by the permanent staff and guest researchers of the State Key Laboratories.

七、人才培养与引进

TALENT TRAINING AND RECRUITMENT

7-1 派往国外留学人员情况

Statistics of Students and Visiting Scholars Sent Abroad

单位：人 （person）

年份 Year	派出总人数 Total number of persons sent abroad	访问学者 Visiting scholars	研究生 Graduate students	返回人数 Number of people returned
1979	588	489	99	408
1980	651	520	131	517
1981	725	566	159	536
1982	520	395	125	186
1983	559	389	170	36
1984	435	325	110	549
1985	779	555	224	302
1986	919	504	415	317
1987	710	420	290	295
1988	591	373	218	214
1989	410	355	55	199
1990	360	325	35	70
1991	326	313	13	113
1992	389	366	23	226
1993	373	346	27	230
1994	409	378	31	347
1995	415	369	46	322
1996	357	308	49	293
1997	361	331	30	308
1998	432	383	49	543
1999	378	340	38	464
2000	528	447	81	492

续表 7-1

年份 Year	派出总人数 Total number of persons sent abroad	访问学者 Visiting scholars	研究生 Graduate students	返回人数 Number of people returned
2001	401	307	94	360
2002	412	315	97	330
2003	427	351	76	329
2004	313	252	61	298
2005	314	275	39	251
2006	276	272	4	227
2007	311	263	48	242
2008	571	518	53	526
2009	564	517	47	190
2010	516	311	205	178
2011	474	227	247	184
2012	338	263	75	202
2013	328	272	56	213
2014	218	200	18	246
2015	346	283	63	180
2016	245	245		234
2017	216	216		202
2018	167	167		173

7-2　派往国外留学人员情况（2018 年）

Statistics of Students and Visiting Scholars Sent Abroad: 2018

单位：人　　　　　　　　　　　　　　　　　　　　　　　　（person）

派往国家和地区 Country and region	当年派出人数 Number of people sent abroad in current year			年龄组 Age group			研究课题性质 Field of study		
	总计 Total	访问学者 Visiting scholars	研究生 Graduate students	30 岁以下 Under 30	30～40 岁 Aged 30-40	40 岁以上 Over 40	基础 Basic	应用 Applied	其他 Others
合计 Total	**167**	**167**		**3**	**124**	**40**	**131**	**27**	**9**
美国 USA	98	98		1	74	23	77	13	8
加拿大 Canada	7	7			5	2	6	1	
英国 England	22	22		1	15	6	14	7	1
法国 France	3	3			3		3		
德国 Germany	8	8			4	4	7	1	
日本 Japan	4	4			4		4		
澳大利亚 Australia	8	8			6	2	7	1	
荷兰 Netherlands	2	2			1	1	2		
瑞典 Sweden	5	5		1	4		2	3	
瑞士 Swiss	4	4			4		4		
芬兰 Finland	1	1				1	1		
奥地利 Austria									
其他 Others	5	5			4	1	4	1	

7-3 职工继续教育

Statistics of Staff Continued

单位：人·次

单位 Unit	总计 Total	学术、专题讲座 Academic lectures	管理技能培训 Management capacity training	系列讲坛 Lecture series
合计 Total	**373033**	**71476**	**42291**	**36826**
一、地区培训 By region				
北京地区 Beijing region	160151	25840	23163	14964
沈阳地区 Shenyang region	33455	10670	2046	4562
长春地区 Changchun region	11951	1188	764	1546
上海地区 Shanghai region	42104	6718	6004	4530
南京地区 Nanjing region	11167	2742	543	537
合肥地区 Hefei region	13109	713	1128	2457
武汉地区 Wuhan region	13281	4636	1847	1120
广州地区 Guangzhou region	13382	985	1338	1494
成都地区 Chengdu region	13153	1478	838	1302
昆明地区 Kunming region	10031	2256	332	791
西安地区 Xi'an region	13324	4636	1847	1120
兰州地区 Lanzhou region	13169	1350	915	1056
新疆地区 Xinjiang region	9985	2362	629	573
二、院校培训 By College				
中国科学院大学 University of CAS	5129	2023	538	451
中国科学技术大学 University of Science and Technology of China	9642	3879	359	323

培训情况（2018年）
Education: 2018

（person • time）

专项技术短期培训班 Technique short term training	学术会议 Academic seminars	上岗培训 Job training	专业技术高级研修班 Professional skills training	其他培训 Other training
33801	**29678**	**13941**	**10019**	**135001**
14994	10483	4972	4173	61562
1027	1015	1015	366	12754
827	336	375	610	6305
7941	5280	3694	524	7413
979	1174	383	338	4471
1259	401	328	394	6429
669	509	433	328	3739
1960	566	397	463	6179
772	337	367	380	7679
446	2417	278	328	3183
669	509	433	328	3782
1112	1228	329	408	6771
499	1537	337	294	3754
321	487	337	546	426
326	3399	263	539	554

7-4 博士后情况（2018 年）

Statistics of Postdoctors: 2018

单位：人 （person）

单位 Institutions	在站博士后人数 Number of postdoctoral fellows	其中：外籍博士后在站人数 Of which: Number of postdoctors with foreign citizenship	当年进站博士后人数 Number of postdoctors enrolled in 2018	其中：外籍博士后进站人数 Of which: Number of postdoctors with foreign citizenship	当年出站博士后人数 Number of postdoctors completed research successfully in 2018
总计 Total	**6256**	**451**	**2223**	**160**	**1677**
北京市 Beijing					
数学与系统科学研究院 Academy of Mathematics and Systems Science	59	3	24	2	26
物理研究所 Inst. of Physics	101	2	52	1	17
声学研究所 Inst. of Acoustics	25		6		3
理论物理研究所 Inst. of Theoretical Physics	33	10	10	2	9
高能物理研究所 Inst. of High Energy Physics	114	26	37	6	32
国家天文台 National Astronomical Observatories	30	3	5	1	7
力学研究所 Inst. of Mechanics	22		16		9
化学研究所 Inst. of Chemistry	93	5	32	1	27
理化技术研究所 Technical Inst. of Physics and Chemistry	45	2	15		21
生态环境研究中心 Research Center for Eco-Environmental Sciences	228	12	74	4	49
过程工程研究所 Inst. of Process Engineering	80	4	23	1	23
地理科学与资源研究所 Inst. of Geographic Sciences and Natural Resources Research	239	7	53		67
遥感与数字地球研究所 Inst. of Remote Sensing and Digital Earth	36	1	8	1	7
地质与地球物理研究所 Inst. of Geology and Geophysics	164	3	37	1	59

续表 7-4

单位 Institutions	在站博士后人数 Number of postdoctoral fellows	其中：外籍博士后在站人数 Of which: Number of postdoctors with foreign citizenship	当年进站博士后人数 Number of postdoctors enrolled in 2018	其中：外籍博士后进站人数 Of which: Number of postdoctors with foreign citizenship	当年出站博士后人数 Number of postdoctors completed research successfully in 2018
古脊椎动物与古人类研究所 Inst. of Vertebrate Paleontology and Paleoanthropology	9	3	3	1	1
大气物理研究所 Inst. of Atmospheric Physics	94	3	23		7
植物研究所 Inst. of Botany	76	3	29	2	17
动物研究所 Inst. of Zoology	109	3	41		29
心理研究所 Inst. of Psychology	50		15		14
微生物研究所 Inst. of Microbiology	60	3	20	1	22
生物物理研究所 Inst. of Biophysics	59	2	20		20
遗传与发育生物学研究所 Inst.of Genetics and Developmental Biology	127	17	25	1	31
北京基因组研究所 Beijing Inst.of Genomics	11		2		2
计算技术研究所 Inst. of Computing Technology	68	2	27		9
软件研究所 Inst. of Software	14		4		3
半导体研究所 Inst. of Semiconductors	42	1	16	1	13
电工研究所 Inst. of Electrical Engineering	18	1	4	1	4
自动化研究所 Inst. of Automation	96	1	43		15
电子学研究所 Inst. of Electronics	16		5		1
工程热物理研究所 Inst. of Engineering Thermophysics	19	2	6		4
国家空间科学中心 National Space Science Center	11	1	1		1
光电研究院 Academy of Opto-Electronics	5		2		2

续表 7-4

单位 Institutions	在站博士后人数 Number of postdoctoral fellows	其中：外籍博士后在站人数 Of which: Number of postdoctors with foreign citizenship	当年进站博士后人数 Number of postdoctors enrolled in 2018	其中：外籍博士后进站人数 Of which: Number of postdoctors with foreign citizenship	当年出站博士后人数 Number of postdoctors completed research successfully in 2018
自然科学史研究所 Inst. of History of Natural Sciences	8				3
微电子研究所 Inst. of Microelectronics	26	1	8		5
科技战略咨询研究院 Inst. of Science and Development	65		13		21
青藏高原研究所 Inst. of Qinghai-Tibet Plateau	70	6	15		4
国家纳米科学中心 National Center for Nano Science and Technology of China	80	7	26	2	25
信息工程研究所 Inst. of Information Engineering	13		3		2
中国科学院大学 University of CAS	102	6	37	2	27
文献情报中心 National Science Library	6		1		
山西省 Shanxi Province					
山西煤炭化学研究所 Shanxi Inst. of Coal Chemistry	17	1	5	1	1
辽宁省、山东省 Liaoning Province and Shandong Province					
大连化学物理研究所 Dalian Inst. of Chemical Physics	185	27	62	13	50
沈阳应用生态研究所 Shenyang Inst. of Applied Ecology	33		7		3
金属研究所 Inst. of Metal Research	43	2	8	1	10
沈阳自动化研究所 Shenyang Inst. of Automation	26		9		7
海洋研究所 Inst. of Oceanology	130	1	44		41
青岛生物能源与过程研究所 Qingdao Inst. of Bioenergy and Bioprocess Technology	106	8	38	5	53
吉林省 Jilin Province					

续表 7-4

单位 Institutions	在站博士后人数 Number of postdoctoral fellows	其中：外籍博士后在站人数 Of which: Number of postdoctors with foreign citizenship	当年进站博士后人数 Number of postdoctors enrolled in 2018	其中：外籍博士后进站人数 Of which: Number of postdoctors with foreign citizenship	当年出站博士后人数 Number of postdoctors completed research successfully in 2018
长春应用化学研究所 Changchun Inst. of Applied Chemistry	14	1	5		27
长春光学精密机械与物理研究所 Changchun Inst. of Optics，Fine Mechanics and Physics	72	1	19	1	2
东北地理与农业生态研究所 Northeast Inst. of Geography and Agroecology	18		2		6
上海市、福建省、浙江省 Shanghai，Fujian Province and Zhejiang Province					
上海应用物理研究所 Shanghai Inst. of Applied Physics	23		7		6
上海天文台 Shanghai Observatory	19	8	2	1	13
上海硅酸盐研究所 Shanghai Inst. of Ceramics	24	3	13	2	9
上海有机化学研究所 Shanghai Inst. of Organic Chemistry	69	5	28	2	20
上海药物研究所 Shanghai Inst. of Materia Medica	87	2	43		22
上海生命科学研究院 Shanghai Inst. for Biological Sciences	316	34	114	10	78
上海微系统与信息技术研究所 Shanghai Inst. of Microsystem and Information Technology	50	3	23	2	21
上海光学精密机械研究所 Shanghai Inst. of Optics and Fine Mechanics	14		7		5
上海技术物理研究所 Shanghai Inst. of Technical Physics	21		3		4
上海巴斯德研究所 Inst. Pasteur of Shanghai	26	9	13	6	1
福建物质结构研究所 Fujian Inst. of Research on the Structure of Matter	93	26	38	16	28
宁波材料技术与工程研究所 Ningbo Inst. of Material Technology and Engineering	118	3	50	1	30
城市环境研究所 Inst. of Urban Environment	17	4	2		4

续表 7-4

单位 Institutions	在站博士后人数 Number of postdoctoral fellows	其中：外籍博士后在站人数 Of which: Number of postdoctors with foreign citizenship	当年进站博士后人数 Number of postdoctors enrolled in 2018	其中：外籍博士后进站人数 Of which: Number of postdoctors with foreign citizenship	当年出站博士后人数 Number of postdoctors completed research successfully in 2018
江苏省 Jiangsu Province					
紫金山天文台 Purple Mountain Observatory	12	1	4		4
南京地理与湖泊研究所 Nanjing Inst. of Geography and Limnology	29	2	5		6
南京地质古生物研究所 Nanjing Inst. of Geology and Palaeontology	15	4	5		
南京土壤研究所 Nanjing Inst. of Soil Science	34	1	9		14
国家天文台南京天文光学技术研究所 Nanjing Inst. of Astronomical Optics & Technology National Astronomical Observatories	3		2		1
苏州纳米技术与纳米仿生研究所 Suzhou Inst. of Nano-Tech and Nano-Bionics	62	2	19	2	16
安徽省 Anhui Province					
合肥物质科学研究院 Hefei Inst. of Physical Sciences	82	4	37	3	37
中国科学技术大学 University of Science and Technology of China	724	34	323	14	296
湖北省 Hubei Province					
武汉物理与数学研究所 Wuhan Inst. of Physics and Mathematics	38	2	13	1	5
水生生物研究所 Inst. of Hydrobiology	55	5	29	3	15
武汉病毒研究所 Wuhan Inst. of Virology	50	1	14		6
测量与地球物理研究所 Inst. of Geodesy and Geophysics	13	1	3		
武汉岩土力学研究所 Wuhan Inst. of Rock and Soil Mechanics	21	1	5		5
武汉植物园 Wuhan Botanical Garden	10	1	1		1
广东省、湖南省 Guangdong Province and Hunan Province					

续表 7-4

单位 Institutions	在站博士后人数 Number of postdoctoral fellows	其中：外籍博士后在站人数 Of which: Number of postdoctors with foreign citizenship	当年进站博士后人数 Number of postdoctors enrolled in 2018	其中：外籍博士后进站人数 Of which: Number of postdoctors with foreign citizenship	当年出站博士后人数 Number of postdoctors completed research successfully in 2018
广州地球化学研究所 Guangzhou Inst. of Geochemistry	72	5	34	2	23
南海海洋研究所 South China Sea Inst. of Oceanology	23	5	8	2	14
华南植物园 South China Botanical Garden	43		19		14
广州能源研究所 Guangzhou Inst. of Energy Conversion	11	3	3		2
广州生物医药与健康研究院 Guangzhou Inst. of Biomedicine and Health	33	8	20	1	4
深圳先进技术研究院 Shenzhen Inst. of Advanced Technology	333	20	235	16	25
亚热带农业生态研究所 Inst. of Subtropical Agriculture	17		3		2
云南省、贵州省 Yunnan Province and Guizhou Province					
地球化学研究所 Inst. of Geochemistry	48	1	16		7
昆明植物研究所 Kunming Inst. of Botany	45	16	8	3	11
昆明动物研究所 Kunming Inst. of Zoology	22	1	8	1	7
西双版纳热带植物园 Xishuangbanna Tropical Botanical Garden	45	30	15	10	4
云南天文台 Yunnan Observatories	6	1	1	1	1
四川省 Sichuan Province					
光电技术研究所 Inst. of Optics and Electronics	6		1		1
成都山地灾害与环境研究所 Chengdu Inst. of Mountain Hazards and Environment	21		3		3
成都生物研究所 Chengdu Inst. of Biology	17		2		2

续表 7-4

单位 Institutions	在站博士后人数 Number of postdoctoral fellows	其中：外籍博士后在站人数 Of which: Number of postdoctors with foreign citizenship	当年进站博士后人数 Number of postdoctors enrolled in 2018	其中：外籍博士后进站人数 Of which: Number of postdoctors with foreign citizenship	当年出站博士后人数 Number of postdoctors completed research successfully in 2018
中科院成都信息技术有限公司 CAS Chengdu Information Technology Co., Ltd.	4				
中国科学院成都有机化学有限公司 CAS Chengdu Organic Chemistry Co., Ltd.	4				
陕西省 Shaanxi Province					
西安光学精密机械研究所 Xi'an Inst. of Optics and Precision Mechanics	29		12		11
地球环境研究所 Inst. of Earth Environment	16		3		2
国家授时中心 National Time Service Center	2				1
中国科学院水利部水土保持研究所 Inst. of Soil & Water Conservation, CAS & MWR	13		1		3
甘肃省、青海省 Gansu Province and Qinghai Province					
近代物理研究所 Inst. of Modern Physics	25	7	5	2	10
兰州化学物理研究所 Lanzhou Inst. of Chemical Physics	23		4		2
寒区旱区环境与工程研究所 Cold and Arid Regions Environmental and Engineering Research Inst.	115	5	8	3	25
青海盐湖研究所 Qinghai Inst. of Saline Lakes	2		1		1
西北高原生物研究所 Northwest Inst. of Plateau Biology	6				1
地质与地球物理研究所兰州油气资源研究中心 Lanzhou Center for Oil and Gas Resources, Inst. of Geology and Geophysics	4	1	3	1	1
新疆维吾尔自治区 Xinjiang Uygur Autonomous Region					
新疆理化技术研究所 Xinjiang Technical Inst. of Physics and Chemistry	31	5	4		1
新疆生态与地理研究所 Xinjiang Inst. of Ecology and Geography	45	6	13	3	12
新疆天文台 Xinjiang Astronomical Observatory	3		1		2

7-5 中国科学院“百人计划”招聘情况

Status on the Recruitment of CAS Hundred Talents Program

年份 Year	招聘人数 Number of scholars selected	招聘类别 Types for selection				
		引进国外杰出人才 Bring in outstanding talents from abroad	国内“百人计划” Domestic “Hundred Talents Program”	项目“百人计划” Project “Hundred Talents Program”	自筹“百人计划” Self-financing “Hundred Talents Program”	海外知名学者 Introduce overseas celebrated scholars
合计	**3383**	**2275**	**394**	**148**	**52**	**578**
1994	14		14			
1995	20		20			
1996	28		28			
1997	88	19	69			
1998	104	72	32			
1999	115	102	13			
2000	203	190	13			
2001	133	105	11			17
2002	134	86	23			25
2003	92	75	9			8
2004	236	156	19			61
2005	292	162	17			113
2006	90	80	10			
2007	59	57	2			
2008	254	147	15	33		59
2009	299	176	10	45		68
2010	289	160	5	51		73
2011	142	111	3	13	15	
2012	246	168	57	3	18	64
2013	112	96	6	3	7	
2014	129	112	6		11	
2015	304	201	12		1	90

注：1.“百人计划”是中国科学院引进优秀人才计划的总称，从 1997 年起，它分为“引进国外杰出人才计划”和国内“百人计划”两部分；从 2001 年起，增设“海外知名学者计划”；从 2007 年起增设项目“百人计划”；2011 年开始正式设立自筹“百人计划”。根据中国科学院人才工作领导小组第 12 次会议精神及实际情况，2014 年开始取消“项目‘百人计划’”。

Note: 1. “Hundred Talents Program” is a general term for the recruitment of excellent talents to CAS. Since 1997, it has been expanded into two forms of the programs:“Outstanding Talents from aboard” and “Domestic Hundred Talents Program”.Two another programs were added into it. One is called “Established Overseas Scholars” created in 2001, and the other is called “Project-Based Hundred Talents Program” established in 2007.Beginning in 2011 the formal establishment of Self-financing “HTP”.The Project “Hundred Talent Program” was called off in 2014 in the light of the the spirit of the 12 Meeting of the CAS Talent Leading Group as well as the practical situation.

2. 以上数据为各年度招聘数据，含在过程中已被取消“百人计划”资格的人员。

2. The above data for the annual recruitment data, including in the process has been cancelled “Hundred Talents Program” qualified personnel.

7-6 中国科学院率先行动“百人计划”招聘情况

Status on the Recruitment of CAS Pioneer Hundred Talents Program

年份 Year	招聘人数 Number of scholars selected	招聘类别 Types for selection		
		学术帅才（A 类） Academic Talent (type A)	技术英才（B 类） Technical Talent (type B)	青年俊才（C 类）候选人 Young Talent Candidates (type C)
合计	**493**	**24**	**77**	**392**
2016	141	8	22	111
2017	170	9	21	140
2018	182	7	34	141

注：2015 年，根据“率先行动”计划的总体部署，对“百人计划”进行了优化调整，启动实施率先行动“百人计划”并定位为引进人才主干计划，具体设置：学术帅才（A 类）、技术英才（B 类）和青年俊才（C 类）三个项目。其中，青年俊才（C 类）候选人为备案成功的人员。

Note: In 2015, “Hundred Talents Program” was optimized and adjusted based on the overall arrangement of “CAS pioneer” programs. “CAS Pioneer Hundred Talents Program” was implemented as the main program for the recruitment of excellent talents. “CAS Pioneer Hundred Talents Program” was expanded into three forms of the programs: “Academic Talent (type A)”, “Technical Talent (type B)” and “Young Talent Candidates (type C)”. Young Talent Candidates (type C) are the personnel whose information were documented.

7-7 中国科学院"百人计划"各单位招聘情况

Status on the Recruitment of CAS Hundred Talents Program, by Institution

单位 Unit	招聘人数 Recruited Talents
总计 Total	**2973**
北京市、天津市 Beijing and Tianjin	1132
数学与系统科学研究院 Academy of Mathematics and Systems Science	35
物理研究所 Inst. of Physics	80
声学研究所 Inst. of Acoustics	20
理论物理研究所 Inst. of Theoretical Physics	23
理化技术研究所 Technical Inst. of Physics and Chemistry	25
高能物理研究所 Inst. of High Energy Physics	64
国家天文台 National Astronomical Observatories	42
力学研究所 Inst. of Mechanics	23
化学研究所 Inst. of Chemistry	56
生态环境研究中心 Research Center for Eco-Environmental Sciences	35
国家纳米科学中心 National Center for Nanoscience and Technology	30
过程工程研究所 Inst. of Process Engineering	41
地理科学与资源研究所 Inst. of Geographic Sciences and Natural Resources Research	26
青藏高原研究所 Inst.of Qinghai-Tibet Plateau	25
地质与地球物理研究所 Inst. of Geology and Geophysics	26
古脊椎动物与古人类研究所 Inst. of Vertebrate Paleontology and Paleoanthropology	11
大气物理研究所 Inst. of Atmospheric Physics	28
遥感与数字地球研究所 Inst. of Remote Sensing and Digital Earth	20

续表 7-7

单位 Unit	招聘人数 Recruited Talents
植物研究所 Inst. of Botany	35
动物研究所 Inst. of Zoology	40
心理研究所 Inst. of Psychology	21
微生物研究所 Inst. of Microbiology	34
生物物理研究所 Inst. of Biophysics	45
遗传与发育生物学研究所 Inst. of Genetics and Developmental Biology	59
北京基因组研究所 Beijing Inst. of Genetics	20
计算技术研究所 Inst. of Computing Technology	20
软件研究所 Inst. of Software	11
信息工程研究所 Inst. of Information Engineering	9
空间应用工程与技术中心 Technology and Engineering Center for Space Utilization	7
半导体研究所 Inst. of Semiconductors	28
微电子研究所 Inst. of Microelectronics	42
电子学研究所 Inst. of Electronics	16
光电研究院 Academy of Opto-Electronics	10
电工研究所 Inst. of Electrical Engineering	9
工程热物理研究所 Inst. of Engineering Thermophysics	19
国家空间科学中心 National Space Science Center	9
自动化研究所 Inst. of Automation	20
自然科学史研究所 Inst. of History of Natural Sciences	2
中国科学院大学 University of CAS	39
北京生命科学研究院 Beijing Institutes of Life Science	2

续表 7-7

单位 Unit	招聘人数 Recruited Talents
计算机网络信息中心 Computer Network Information Center	3
科技战略咨询研究院 Inst. of Science and Development	2
天津工业生物技术研究所 Tianjin Inst. of Industrial Biotechnology	20
山西省 Shanxi Province	19
山西煤炭化学研究所 Shanxi Inst. of Coal Chemistry	19
辽宁省、山东省 Liaoning Province and Shandong Province	206
大连化学物理研究所 Dalian Inst. of Chemical Physics	63
沈阳应用生态研究所 Shenyang Inst. of Applied Ecology	26
沈阳自动化研究所 Shenyang Inst. of Automation	16
金属研究所 Inst. of Metals Research	38
海洋研究所 Inst. of Oceanology	28
青岛生物能源与过程研究所 Qingdao Inst. of BioEnergy and BioProcess Technology	22
烟台海岸带研究所 Yantai Inst. of Coastal Zone Research	13
吉林省 Jilin Province	105
长春应用化学研究所 Changchun Inst. of Applied Chemistry	51
东北地理与农业生态研究所 Northeast Inst. of Geography and Agroecology	26
长春光学精密机械与物理研究所 Changchun Inst. of Optics，Fine Mechanics and Physics	28
上海市、福建省 Shanghai, Fujian Province	530
上海应用物理研究所 Shanghai Inst. of Applied Physics	27
上海天文台 Shanghai Observatory	22
上海硅酸盐研究所 Shanghai Inst. of Ceramics	36

续表 7-7

单位 Unit	招聘人数 Recruited Talents
上海有机化学研究所 Shanghai Inst. of Organic Chemistry	34
上海生命科学研究院 Shanghai Institutes for Biological Sciences	195
上海药物研究所 Shanghai Inst. of Materia Medica	28
上海微系统与信息技术研究所 Shanghai Inst. of Microsystem and Information Technology	36
上海光学精密机械研究所 Shanghai Inst. of Optics and Fine Mechanics	36
上海技术物理研究所 Shanghai Inst. of Technical Physics	16
福建物质结构研究所 Fujian Inst. of Research on the Structure of Matter	40
城市环境研究所 Inst. of Urban Environment	11
上海高等研究院 Shanghai Advanced Research Institute	12
宁波材料技术与工程研究所 Ningpo Inst. of Materials Technology and Engineering	37
江苏省 Jiangsu Province	105
紫金山天文台 Purple Mountain Observatory	19
南京地理与湖泊研究所 Nanjing Inst. of Geography and Limnology	11
南京地质古生物研究所 Nanjing Inst. of Geology and Palaeontology	7
南京土壤研究所 Nanjing Inst. of Soil Science	14
苏州生物医学工程技术研究所 Suzhou Inst. of Biomedical Engineering and Technology	19
苏州纳米技术与纳米仿生研究所 Suzhou Inst. of Nano-Tech and Nano-Bionics	35
安徽省 Anhui Province	239
合肥物质科学研究院 Hefei Institutes of Physical Sciences	72

续表 7-7

单位 Unit	招聘人数 Recruited Talents
中国科学技术大学 University of Science and Technology of China	167
湖北省 Hubei Province	103
武汉物理与数学研究所 Wuhan Inst. of Physics and Mathematics	31
武汉岩土力学研究所 Wuhan Inst. of Rock and Soil Mechanics	13
武汉植物园 Wuhan Botanical Garden	17
水生生物研究所 Inst. of Hydrobiology	22
武汉病毒研究所 Wuhan Inst. of Virology	15
测量与地球物理研究所 Inst.of Geodesy and Geophysics	5
广东省、湖南省 Guangdong Province and Hunan Province	158
广州地球化学研究所 Guangzhou Inst. of Geochemistry	26
南海海洋研究所 South China Sea Inst. of Oceanology	32
华南植物园 South China Botanical Garden	13
广州能源研究所 Guangzhou Inst. of Energy Conversion	18
亚热带农业生态研究所 Inst. of Subtropical Agriculture	9
深圳先进技术研究院 Shenzhen Institutes of Advanced Technology	36
广州生物医药与健康研究院 Guangzhou Institutes of Biomedicine and Health	22
中科院广州化学有限公司 CAS Guangzhou Chemistry Co., Ltd.	2
重庆市、四川省 Chongqing, Sichuan Province	60
成都山地灾害与环境研究所 Chengdu Inst. of Mountain Hazards and Environment	13
成都生物研究所 Chengdu Inst. of Biology	15
光电技术研究所 Inst. of Optics and Electronics	7

续表 7-7

单位 Unit	招聘人数 Recruited Talents
成都文献情报中心 Chengdu Documentation and Information Center	1
重庆绿色智能技术研究院 Chongqing Inst. of Green and Intelligent Technology	18
中国科学院成都有机化学有限公司 CAS Chengdu Organic Chemistry Co., Ltd.	5
中科院成都信息技术股份有限公司 CAS Chengdu Information Technology of CAS Co., Ltd.	1
云南省、贵州省 Yunnan Province and Guizhou Province	78
昆明植物研究所 Kunming Inst. of Botany	24
西双版纳热带植物园 Xishuangbanna Tropical Botanical Garden	9
昆明动物研究所 Kunming Inst. of Zoology	18
地球化学研究所 Inst. of Geochemistry	27
陕西省 Shaanxi Province	52
西安光学精密机械研究所 Xi’an Inst. of Optics and Precision Mechanics	20
地球环境研究所 Inst. of Earth Environment	10
中国科学院水利部水土保持研究所 Inst. of Soil and Water Conservation, CAS & MWR	14
国家授时中心 National Time Service Center	8
甘肃省、青海省 Gansu Province and Qinghai Province	135
近代物理研究所 Inst. of Modern Physics	32
兰州化学物理研究所 Lanzhou Inst. of Chemical Physics	36
寒区旱区环境与工程研究所 Cold and Arid Regions Environmental and Engineering Research Inst.	42
青海盐湖研究所 Qinghai Inst. of Saline Lakes	13
西北高原生物研究所 Northwest Inst. of Plateau Biology	12

续表 7-7

单位 Unit	招聘人数 Recruited Talents
新疆维吾尔自治区 Xinjiang Uygur Autonomous Region	39
新疆理化技术研究所 Xinjiang Technical Inst. of Physics and Chemistry	17
新疆生态与地理研究所 Xinjiang Inst. of Ecology and Geography	22
海南省 Hainan Province	12
深海科学与工程研究所 Inst. of Deep-sea Science and Engineering	12

注：1. 以上数据为各单位实有人数情况统计，不含调离、取消等。
Note:1. The above data is the present recruitment data, not including the transferred and disqualified personnel.
2. 2016 年后，率先行动“百人计划”合并计入。
2. Since 2016, CAS Pioneers Hundred Talents Program has been included.

7-8 中国科学院“千人计划”招聘情况
Status on the Recruitment of CAS Thousand Talents Program

年份 Year	招聘人数 Number of scholars selected	招聘类别 Types for selection	
		“千人计划”长/短期项目 The Innovative Talents Recruitment Program (Long Term/Short Term)	“千人计划”青年项目 Recruitment Program of Young Professionals
合计	**947**	**273**	**674**
2009	42	42	
2010	58	58	
2011	61	22	39
2012	159	48	111
2013	74	22	52
2014	128	31	97
2015	141	14	127
2016	95	10	85
2017	98	13	85
2018	91	13	78

注：“千人计划”是我国引进海外高层次人才计划的总称，2008 年起实施。2010 年起增设“千人计划”短期项目；2011 年起增设“青年千人计划”。
Note: China initiated “the Recruitment Program of Global Experts” (known as “the Thousand Talents Plan”) since the end of 2008, under which it would bring in overseas top talents to China over the next five to ten years. In 2010, the additional subproject for short-term program was carried out, and two other additional subprojects were also launched in the next year, which is “Recruitment Program of Young Professional”, respectively.

7-9 中国科学院“千人计划”各单位招聘情况

Status on the Recruitment of CAS Thousand Talents Program, by Institution

单位 Unit	招聘人数 Recruited Talents
总计 **Total**	**947**
北京市、天津市 Beijing and Tianjin	306
数学与系统科学研究院 Academy of Mathematics and Systems Science	15
物理研究所 Inst. of Physics	29
理论物理研究所 Inst. of Theoretical Physics	7
理化技术研究所 Technical Inst. of Physics and Chemistry	2
高能物理研究所 Inst. of High Energy Physics	14
国家天文台 National Astronomical Observatories	14
力学研究所 Inst. of Mechanics	2
化学研究所 Inst. of Chemistry	15
生态环境研究中心 Research Center for Eco-Environmental Sciences	8
国家纳米科学中心 National Center for Nanoscience and Technology	12
过程工程研究所 Inst. of Process Engineering	10
地理科学与资源研究所 Inst. of Geographic Sciences and Natural Resources Research	2
青藏高原研究所 Inst.of Qinghai-Tibet Plateau	2
地质与地球物理研究所 Inst. of Geology and Geophysics	10
古脊椎动物与古人类研究所 Inst. of Vertebrate Paleontology and Paleoanthropology	2
大气物理研究所 Inst. of Atmospheric Physics	12
遥感与数字地球研究所 Inst. of Remote Sensing and Digital Earth	2
地质与地球物理研究所 Inst. of Geology and Geophysics	1
植物研究所 Inst. of Botany	11
动物研究所 Inst. of Zoology	9

续表 7-9

单位 Unit	招聘人数 Recruited Talents
心理研究所 Inst. of Psychology	5
微生物研究所 Inst. of Microbiology	6
生物物理研究所 Inst. of Biophysics	29
遗传与发育生物学研究所 Inst. of Genetics and Developmental Biology	12
北京基因组研究所 Beijing Inst. of Genetics	7
计算技术研究所 Inst. of Computing Technology	5
软件研究所 Inst. of Software	1
半导体研究所 Inst. of Semiconductors	13
微电子研究所 Inst. of Microelectronics	15
电子学研究所 Inst. of Electronics	3
自动化研究所 Inst. of Automation	3
电工研究所 Inst. of Electrical Engineering	1
工程热物理研究所 Inst. of Engineering Thermophysics	6
国家空间科学中心 National Space Science Center	3
光电研究院 Academy of Opto-Electronics	2
信息工程研究所 Institute of Information Engineering	1
中国科学院大学 University of CAS	13
天津工业生物技术研究所 Tianjin Inst. of Industrial Biotechnology	2
山西省 Shanxi Province	3
山西煤炭化学研究所 Shanxi Inst. of Coal Chemistry	3
辽宁省、山东省 Liaoning Province and Shandong Province	55
大连化学物理研究所 Dalian Inst. of Chemical Physics	28
沈阳应用生态研究所 Shenyang Inst. of Applied Ecology	2

续表 7-9

单位 Unit	招聘人数 Recruited Talents
沈阳自动化研究所 Shenyang Inst. of Automation	3
沈阳科学仪器股份有限公司 SKY Technology Development Co., Ltd, CAS	2
金属研究所 Inst. of Metals Research	8
海洋研究所 Inst. of Oceanology	5
青岛生物能源与过程研究所 Qingdao Inst. of Bioenergy and Bioprocess Technology	6
烟台海岸带研究所 Yantai Inst. of Coastal Zone Research for Sustainable Development	1
吉林省 Jilin Province	16
长春应用化学研究所 Changchun Inst. of Applied Chemistry	12
长春光学精密机械与物理研究所 Changchun Inst. of Optics，Fine Mechanics and Physics	2
东北地理与农业生态研究所 Northeast Inst. of Geography and Agroecology	2
上海市、福建省、浙江省 Shanghai,Fujian Province and Zhejiang Province	190
上海微系统与信息技术研究所 Shanghai Inst. of Microsystem and Information Technology	11
上海技术物理研究所 Shanghai Inst. of Technical Physics	2
上海光学精密机械研究所 Shanghai Inst. of Optics and Fine Mechanics	3
上海硅酸盐研究所 Shanghai Inst. of Ceramics	2
上海有机化学研究所 Shanghai Inst. of Organic Chemistry	27
上海应用物理研究所 Shanghai Inst. of Applied Physics	3
上海天文台 Shanghai Astronomical Observatory	2
上海生命科学研究院 Shanghai Institutes for Biological Sciences	88
上海药物研究所 Shanghai Inst. of Materia Medica	9

续表 7-9

单位 Unit	招聘人数 Recruited Talents
上海高等研究院 Shanghai Advanced Research Institute	2
宁波材料技术与工程研究所 Ningpo Inst. of Materials Technology and Engineering	22
福建物质结构研究所 Fujian Inst. of Research on the Structure of Matter	16
城市环境研究所 Inst. of Urban Environment	1
湖州应用技术研究与产业化中心 Huzhou Research and Industrialization Center for Technology	1
江苏省 Jiangsu Province	31
紫金山天文台 Purple Mountain Observatory	4
南京地理与湖泊研究所 Nanjing Inst. of Geography and Limnology	2
南京地质古生物研究所 Nanjing Inst. of Geology and Palaeontology	2
南京土壤研究所 Nanjing Inst. of Soil Science	1
苏州生物医学工程技术研究所 Suzhou Inst. of Biomedical Engineering and Technology	1
苏州纳米技术与纳米仿生研究所 Suzhou Inst. of Nano-Tech and Nano-Bionics	21
安徽省 Anhui Province	242
合肥物质科学研究院 Hefei Institutes of Physical Sciences	16
中国科学技术大学 University of Science and Technology of China	226
湖北省 Hubei Province	16
武汉物理与数学研究所 Wuhan Inst. of Physics and Mathematics	4
武汉岩土力学研究所 Wuhan Inst. of Rock and Soil Mechanics	5
水生生物研究所 Inst. of Hydrobiology	3
测量与地球物理研究所 Inst.of Geodesy and Geophysics	4
广东省、湖南省 Guangdong Province and Hunan Province	40
南海海洋研究所 South China Sea Inst. of Oceanology	4
华南植物园 South China Botanical Garden	1

续表 7-9

单位 Unit	招聘人数 Recruited Talents
深圳先进技术研究院 Shenzhen Institutes of Advanced Technology	29
广州地球化学研究所 Guangzhou Inst. of Geochemistry	3
广州生物医药与健康研究院 Guangzhou Institutes of Biomedicine and Health	3
重庆市、四川省 Chongqing, Sichuan Province	4
光电技术研究所 Inst. of Optics and Electronics	1
重庆绿色智能技术研究院 Chongqing Inst. of Green and Intelligent Technology	3
云南省、贵州省 Yunnan Province and Guizhou Province	19
昆明植物研究所 Kunming Inst. of Botany	5
昆明动物研究所 Kunming Inst. of Zoology	7
西双版纳热带植物园 Xishuangbanna Tropical Botanical Garden	1
地球化学研究所 Inst. of Geochemistry	6
陕西省 Shaanxi Province	13
西安光学精密机械研究所 Xi'an Inst. of Optics and Precision Mechanics	9
地球环境研究所 Inst. of Earth Environment	4
甘肃省、青海省 Gansu Province and Qinghai Province	9
近代物理研究所 Inst. of Modern Physics	1
兰州化学物理研究所 Lanzhou Inst. of Chemical Physics	7
寒区旱区环境与工程研究所 Cold and Arid Regions Environmental and Engineering Research Inst.	1
新疆维吾尔自治区 Xinjiang Uygur Autonomous Region	1
新疆生态与地理研究所 Xinjiang Inst. of Ecology and Geography	1
海南省 Hainan Province	2
深海科学与工程研究所 Inst. of Deep-sea Science and Engineering	2

注：以上数据为各单位实有人数情况统计，不含调离、取消等。
Note: The above data is the present recruitment data, not including the transferred and disqualified personnel.

八、高等教育

HIGHER EDUCATION

8-1 录取研究生和授予学位情况

Total Enrollment of Graduate Students and Degrees Granted

单位：人 （person）

年份 Year	录取研究生 Total enrollment			授予学位 Total degrees granted		
	合计 Total	博士 Doctor's degree	硕士 Master's degree	合计 Total	博士 Doctor's degree	硕士 Master's degree
1955～1965	1287		1287			
1978	1400		1400			
1979	351		351			
1980	193		193			
1981	1123	107	1016	974		974
1982	1329	42	1287	178		178
1983	1334	59	1275	205		205
1984	1772	253	1519	469		469
1985	2349	372	1977	1181	72	1109
1986	2314	392	1922	998	78	920
1987	2361	561	1800	1187	82	1105
1988	2325	513	1812	2255	189	2066
1989	1966	416	1550	2370	313	2057
1990	1883	488	1395	1662	226	1436
1991	1862	562	1300	1940	326	1614
1992	2197	702	1495	1580	278	1302
1993	2383	724	1659	1019	244	775
1994	3024	1180	1844	1529	413	1116
1995	3372	1466	1906	1693	518	1175
1996	3631	1603	2028	2179	689	1490
1997	3605	1605	2000	2516	849	1667
1998	3769	1720	2049	2391	1111	1280
1999	4287	1926	2361	2769	1213	1556
2000	5807	2622	3185	2662	1247	1415
2001	7344	3171	4173	2953	1473	1480
2002	9346	3943	5403	3009	1451	1558
2003	11439	5004	6435	4019	1931	2088
2004	12981	5562	7419	5092	2428	2664
2005	13639	5691	7948	6851	3116	3735
2006	14007	5726	8281	8160	4036	4124
2007	14315	5749	8566	9353	4597	4756
2008	14731	5786	8945	10704	5053	5651
2009	15893	6111	9782	11003	5155	5848
2010	16882	6092	10790	10717	5347	5370
2011	16851	6363	10488	10318	5317	5001
2012	17446	6643	10803	11453	5524	5929
2013	18599	7069	11530	13009	5904	7105
2014	18977	7300	11677	12463	5797	6666
2015	20416	7884	12532	13219	5806	7413
2016	20546	7781	12765	13750	5901	7849
2017	21504	8142	13362	14412	6091	8321
2018	22761	8715	14046	14593	6345	8248

8-2 研究生招收培养

Total Enrollment of Graduate

单位：人

单位 Institution	录取研究生 Enrollment in 2018		
	合计 Total	博士 Doctor's degree	硕士 Master's degree
总计 Total	**22761**	**8715**	**14046**
北京市 Beijing	8508	3636	4872
数学与系统科学研究院 Academy of Mathematics & Systems Science	243	117	126
物理研究所 Inst. of Physics	302	171	131
声学研究所 Inst. of Acoustics	165	71	94
理论物理研究所 Inst. of Theoretical Physics	49	25	24
理化技术研究所 Technical Inst. of Physics and Chemistry	169	74	95
高能物理研究所 Inst. of High Energy Physics	225	107	118
国家天文台 National Astronomical Observatories	99	55	44
力学研究所 Inst. of Mechanics	121	46	75
化学研究所 Inst. of Chemistry	345	202	143
生态环境研究中心 Research Center for Eco-Environmental Sciences	236	122	114
过程工程研究所 Inst. of Process Engineering	149	70	79
地理科学与资源研究所 Inst. of Geographic Sciences and Natural Resources Research	228	131	97
地质与地球物理研究所 Inst. of Geology and Geophysics	179	95	84
古脊椎动物与古人类研究所 Inst. of Vertebrate Paleontology and Paleoanthropology	36	18	18
大气物理研究所 Inst. of Atmospheric Physics	158	92	66

及授予学位情况（2018 年）

Students and Degrees Granted: 2018

（person）

在学研究生 Ongoing Graduate Students			授予博士学位 Doctor's degree				授予硕士学位 Master's degree			
合计 Total	博士 Doctor's degree	硕士 Master's degree	合计 Total	理学 Natural sciences	工学 Enginee-ring sciences	其他 Others	合计 Total	理学 Natural sciences	工学 Enginee-ring sciences	其他 Others
67857	**31528**	**36329**	**6345**	**4049**	**2031**	**265**	**8248**	**1976**	**3102**	**3170**
25565	13229	12336	2412	1544	723	145	2839	674	637	1528
698	407	291	101	85	2	14	44	33	2	9
908	620	288	161	158	3		19	7	1	11
525	272	253	60	18	42		55	4	17	34
137	89	48	15	15			5	5		
571	313	258	62	32	30		43	8	14	21
622	373	249	85	64	21		33	8	5	20
319	221	98	23	23			6	6		
344	137	207	38	16	22		44	11	29	4
1015	700	315	165	153	12		36	14	1	21
817	485	332	118	86	32		60	29	14	17
525	304	221	62		62		56		15	41
834	550	284	100	95		5	79	67		12
680	461	219	87	70	17		39	33	6	
103	49	54	15	15			9	9		
499	301	198	68	68			23	17		6

单位 Institution	录取研究生 Enrollment in 2018		
	合计 Total	博士 Doctor's degree	硕士 Master's degree
遥感与数字地球研究所 Inst. of Remote Sensing and Digital Earth	161	73	88
植物研究所 Inst. of Botany	204	94	110
动物研究所 Inst. of Zoology	204	107	97
心理研究所 Inst. of Psychology	123	43	80
微生物研究所 Inst. of Microbiology	143	66	77
生物物理研究所 Inst. of Biophysics	212	115	97
遗传与发育生物学研究所 Inst. of Genetics and Developmental Biology	149	100	49
北京基因组研究所 Beijing Inst. of Genetics	74	31	43
计算技术研究所 Inst. of Computing Technology	323	108	215
计算机网络信息中心 Computer Network Information Center	64	14	50
软件研究所 Inst. of Software	150	49	101
信息工程研究所 Inst. of Information Engineering	473	200	273
半导体研究所 Inst. of Semiconductors	213	98	115
微电子研究所 Inst. of Microelectronics	245	117	128
电子学研究所 Inst. of Electronics	193	101	92
电工研究所 Inst. of Electric Engineering	98	38	60
工程热物理研究所 Inst. of Engineering Thermophysics	84	36	48
国家空间科学中心 National Space Science Center	129	48	81
自动化研究所 Inst. of Automation	219	104	115

续表 8-2

在学研究生 Ongoing Graduate Students			授予博士学位 Doctor's degree				授予硕士学位 Master's degree			
合计 Total	博士 Doctor's degree	硕士 Master's degree	合计 Total	理学 Natural sciences	工学 Enginee-ring sciences	其他 Others	合计 Total	理学 Natural sciences	工学 Enginee-ring sciences	其他 Others
539	281	258	54	47	7		66	30	9	27
747	411	336	71	71			67	58		9
649	392	257	90	79		11	30	25		5
336	144	192	44	44			92	82		10
537	305	232	46	43		3	49	21		28
676	391	285	103	103			26	15		11
618	468	150	66	66			15	8		7
258	143	115	26	26			32	22		10
1107	510	597	59		59		183		113	70
209	65	144	3		3		44		24	20
490	220	270	28		28		72		61	11
1409	691	718	66		66		105		44	61
655	351	304	79	15	64		51	4	36	11
483	246	237	28		21	7	41		25	16
679	401	278	35		35		96		68	28
344	178	166	24		24		48		32	16
275	133	142	26		26		31		20	11
424	202	222	21	9	12		54	16	19	19
723	449	274	69		69		49		25	24

单位 Institution	录取研究生 Enrollment in 2018		
	合计 Total	博士 Doctor's degree	硕士 Master's degree
自然科学史研究所 Inst. of History of Natural Sciences	17	8	9
科技政策与管理科学研究所 Inst. of Policy and Management	45	23	22
文献情报中心 National Science Library	56	19	37
中国科学院大学（校部） University of CAS	1897	512	1385
青藏高原研究所 Inst. of Qinghai-Tibet Plateau	72	36	36
国家纳米科学中心 National Center for Nanoscience Technology	156	71	85
光电研究院 Academy of Opto-Electronics	52	17	35
空间应用工程与技术中心 Technology and Engineering Center for Space Utilization	48	12	36
天津市 Tianjin	30	13	17
天津工业生物技术研究所 Tianjin Inst. of Industrial Biotechnology	30	13	17
河北省 Hebei Province	59	23	36
渗流流体力学研究所 Inst. of Osmotic Mechanics	23	10	13
遗传与发育生物学研究所农业资源研究中心 Center for Agricultural Resources Research, Institute of Genetics and Developmental Biology	36	13	23
山西省 Shanxi Province	111	54	57
山西煤炭化学研究所 Shanxi Inst. of Coal Chemistry	111	54	57
辽宁省、山东省 Liaoning Province and Shandong Province	1207	523	684
大连化学物理研究所 Dalian Inst. of Chemical Physics	310	152	158
沈阳应用生态研究所 Shenyang Inst. of Applied Ecology	110	50	60
沈阳计算技术研究所有限公司 Shenyang Computing Technology Co., Ltd.	75	8	67

续表 8-2

在学研究生 Ongoing Graduate Students			授予博士学位 Doctor's degree				授予硕士学位 Master's degree			
合计 Total	博士 Doctor's degree	硕士 Master's degree	合计 Total	理学 Natural sciences	工学 Engineering sciences	其他 Others	合计 Total	理学 Natural sciences	工学 Engineering sciences	其他 Others
57	32	25	3	3			5	5		
143	92	51	22			22	12			12
180	80	100	18			18	27			27
4432	1265	3167	177	66	46	65	981	95	33	853
224	136	88	34	34			14	14		
455	228	227	47	40	7		47	28	4	15
168	72	96	10		10		27		9	18
151	61	90	3		3		24		11	13
99	47	52	8	5	3		14	4		10
99	47	52	8	5	3		14	4		10
157	62	95	16	12	4		24	7	8	9
54	20	34	4		4		12		8	4
103	42	61	12	12			12	7		5
386	210	176	42	10	32		31	6	14	11
386	210	176	42	10	32		31	6	14	11
3770	2069	1701	411	190	210	11	320	57	107	156
954	627	327	119	76	43		22	2	4	16
357	190	167	36	28	4	4	49	25	4	20
206	40	166	4		2	2	71		32	39

单位 Institution	录取研究生 Enrollment in 2018		
	合计 Total	博士 Doctor's degree	硕士 Master's degree
沈阳自动化研究所 Shenyang Inst. of Automation	134	47	87
金属研究所 Inst. of Metals Research	273	128	145
海洋研究所 Inst. of Oceanology	195	85	110
青岛生物能源与过程研究所 Qingdao Inst. of Bioenergy and Bioprocess Technology	58	30	28
烟台海岸带研究所 Yantai Inst. of Coastal Zone Research	52	23	29
吉林省 Jilin Province	745	361	384
长春光学精密机械与物理研究所 Changchun Inst. of Optics, Fine Mechanics and Physics	307	133	174
长春应用化学研究所 Changchun Inst. of Applied Chemistry	373	193	180
东北地理与农业生态研究所 Northeast Inst. of Geography and Agroecology	63	35	28
国家天文台长春人造卫星观测站 Changchun Observatory,National Astronomical Observatories	2		2
上海市、福建省、浙江省 Shanghai, Fujian Province and Zhejiang Province	2391	1088	1303
上海应用物理研究所 Shanghai Inst. of Applied Physics	163	79	84
上海天文台 Shanghai Observatory	52	24	28
上海硅酸盐研究所 Shanghai Inst. of Ceramics	152	72	80
上海有机化学研究所 Shanghai Inst. of Organic Chemistry	232	112	120
上海药物研究所 Shanghai Inst. of Materia Medica	211	83	128
生物化学与细胞生物学研究所（分子细胞科学卓越创新中心） Shanghai Inst. of Biochemistry and Cell Biology	177	88	89
神经科学研究所（脑科学与智能技术卓越创新中心） Inst. of Neuroscience	84	42	42

续表 8-2

在学研究生 Ongoing Graduate Students			授予博士学位 Doctor's degree				授予硕士学位 Master's degree			
合计 Total	博士 Doctor's degree	硕士 Master's degree	合计 Total	理学 Natural sciences	工学 Engineering sciences	其他 Others	合计 Total	理学 Natural sciences	工学 Engineering sciences	其他 Others
432	224	208	35		35		39		23	16
862	526	336	89		89		50		34	16
588	265	323	73	64	4	5	42	22	1	19
201	117	84	33	11	22		21	1	5	15
170	80	90	22	11	11		26	7	4	15
2009	1151	858	242	165	77		108	45	43	20
916	495	421	99	32	67		67	15	40	12
877	523	354	118	108	10		18	14	3	1
210	133	77	25	25			22	15		7
6		6					1	1		
7454	4057	3397	921	639	281	1	627	218	234	175
496	293	203	53	32	21		38	14	13	11
157	88	69	28	28			14	12		2
523	262	261	69	7	62		58	6	35	17
646	300	346	89	89			35	21		14
586	284	302	82	82			25	16		9
638	410	228	69	69			43	38		5
311	215	96	34	34			6	5		1

单位 Institution	录取研究生 Enrollment in 2018		
	合计 Total	博士 Doctor's degree	硕士 Master's degree
植物生理生态研究所（分子植物科学卓越创新中心） Inst. of Plant Physiology and Ecology	194	96	98
上海营养与健康研究所 Shanghai Inst. of Nutrition and Health	168	82	86
上海微系统与信息技术研究所 Shanghai Inst. of Microsystem and Information Technology	189	75	114
上海光学精密机械研究所 Shanghai Inst. of Optics and Fine Mechanics	156	73	83
上海技术物理研究所 Shanghai Inst. of Technical Physics	129	58	71
声学研究所东海研究站 Shanghai Acoustics Laboratory	10		10
福建物质结构研究所 Fujian Inst. of Research on the Structure of Matter	153	66	87
宁波材料技术与工程研究所 Ningbo Inst. of Material Technology and Engineering	127	51	76
上海巴斯德研究所 Inst. Pasteur of Shanghai	44	21	23
城市环境研究所 Inst. of Urban Environment	82	40	42
上海高等研究院 Shanghai Advanced Research Institute	68	26	42
江苏省 Jiangsu Province	445	191	254
紫金山天文台 Purple Mountain Observatory	67	29	38
南京地理与湖泊研究所 Nanjing Inst. of Geography and Limnology	65	30	35
南京地质古生物研究所 Nanjing Inst. of Geology and Palaeontology	24	12	12
南京土壤研究所 Nanjing Inst. of Soil Science	108	48	60
国家天文台南京天文光学技术研究所 Nanjing Institute of Astronomical Optics&Technology	25	7	18
南京中科天文仪器有限公司 CAS Nanjing Astronomic Instrument Co., Ltd.	3		3

续表 8-2

在学研究生 Ongoing Graduate Students			授予博士学位 Doctor's degree				授予硕士学位 Master's degree			
合计 Total	博士 Doctor's degree	硕士 Master's degree	合计 Total	理学 Natural sciences	工学 Enginee-ring sciences	其他 Others	合计 Total	理学 Natural sciences	工学 Enginee-ring sciences	其他 Others
605	382	223	74	74			19	15		4
523	338	185	98	97		1	29	22		7
619	281	338	56		56		106		85	21
527	295	232	53	11	42		67	9	41	17
404	185	219	58	16	42		39	13	26	
28		28					10	6	1	3
415	218	197	47	34	13		27	10	1	16
351	173	178	39	11	28		36	6	15	15
130	79	51	30	30			8	1		7
274	161	113	30	21	9		26	16	3	7
221	93	128	12	4	8		41	8	14	19
1319	673	646	126	89	15	22	120	52	14	54
196	114	82	16	16			5	3		2
202	119	83	31	31			22	20		2
89	46	43	8	8			13	10		3
341	194	147	39	17		22	33	13		20
71	25	46	6	2	4		13	1	8	4
7		7					2	2		

单位 Institution	录取研究生 Enrollment in 2018		
	合计 Total	博士 Doctor's degree	硕士 Master's degree
苏州纳米技术与纳米仿生研究所 Suzhou Institute of Nano-Tech and Nano-Bionics	95	39	56
苏州生物医学工程技术研究所 Suzhou Inst. of Biomedical Engineering and Technology	58	26	32
安徽省 Anhui Province	5898	1441	4457
合肥物质科学研究院 Hefei Institutes of Physical Sciences	588	258	330
中国科学技术大学 University of Science and Technology of China	5310	1183	4127
湖北省 Hubei Province	555	241	314
武汉物理与数学研究所 Wuhan Inst. of Physics and Mathematics	106	46	60
武汉岩土力学研究所 Wuhan Inst. of Rock and Soil Mechanics	77	40	37
测量与地球物理研究所 Inst. of Geodesy and Geophysics	47	21	26
武汉植物园 Wuhan Botanical Garden	49	18	31
水生生物研究所 Inst. of Hydrobiology	180	77	103
武汉病毒研究所 Wuhan Inst. of Virology	96	39	57
广东省、湖南省 Guangdong Province and Hunan Province	839	304	535
广州化学有限公司 Guangzhou Chemistry Co., Ltd.	33	11	22
广州地球化学研究所 Guangzhou Inst. of Geochemistry	173	86	87
南海海洋研究所 South China Sea Inst. of Oceanology	128	49	79
华南植物园 South China Botanical Garden	119	37	82
广州能源研究所 Guangzhou Inst. of Energy Conversion	64	22	42
亚热带农业生态研究所 Inst. of Subtropical Agriculture	48	20	28

续表 8-2

在学研究生 Ongoing Graduate Students			授予博士学位 Doctor's degree				授予硕士学位 Master's degree			
合计 Total	博士 Doctor's degree	硕士 Master's degree	合计 Total	理学 Natural sciences	工学 Engineering sciences	其他 Others	合计 Total	理学 Natural sciences	工学 Engineering sciences	其他 Others
272	110	162	21	12	9		20	3	5	12
141	65	76	5	3	2		12		1	11
16516	4626	11890	1061	573	426	62	3041	380	1879	782
1701	858	843	235	130	105		187	44	143	
14815	3768	11047	826	443	321	62	2854	336	1736	782
1709	937	772	203	160	39	4	138	71	11	56
314	178	136	35	35			23	12		11
232	145	87	30		30		16		9	7
148	84	64	18	9	9		9	4	2	3
152	69	83	13	13			15	10		5
560	291	269	68	68			45	29		16
303	170	133	39	35		4	30	16		14
2506	1171	1335	255	212	40	3	282	130	33	119
94	31	63	13	13			14	7		7
562	335	227	82	82			40	26		14
390	190	200	34	34			57	40		17
384	157	227	31	31			55	29		26
194	80	114	16		16		35	2	20	13
161	88	73	15	15			20	12		8

单位 Institution	录取研究生 Enrollment in 2018		
	合计 Total	博士 Doctor's degree	硕士 Master's degree
广州生物医药与健康研究院 Guangzhou Institutes of Biomedicine and Health	79	35	44
深圳先进技术研究院 Shenzhen Institutes of Advanced Technology	195	44	151
四川省、重庆市 Sichuan Province and Chongqing	450	173	277
成都有机化学有限公司 Chengdu Organic Chemistry Co., Ltd.	53	27	26
成都山地灾害与环境研究所 Chengdu Inst. of Mountain Hazards and Environment	79	33	46
成都生物研究所 Chengdu Inst. of Biology	110	40	70
成都信息技术有限公司 Chengdu Information Technology Co., Ltd.	36	12	24
光电技术研究所 Inst. of Optics and Electronics	126	50	76
重庆绿色智能技术研究院 Chongqing Inst. of Green and Intelligent Technology	46	11	35
云南省、贵州省 Yunnan Province and Guizhou Province	456	186	270
云南天文台 Yunnan Astronomical Observatory	43	19	24
昆明植物研究所 Kunming Inst. of Botany	135	56	79
西双版纳热带植物园 Xishuangbanna Tropical Botanical Garden	73	21	52
昆明动物研究所 Kunming Inst. of Zoology	97	43	54
地球化学研究所 Inst. of Geochemistry	108	47	61
陕西省 Shaanxi Province	301	123	178
国家授时中心 National Time Service Center	53	21	32
水土保持与生态环境研究中心 Inst. of Soil & Water Conservation	52	25	27
西安光学精密机械研究所 Xi'an Inst. of Optics and Precision Mechanics	153	57	96

续表 8-2

在学研究生 Ongoing Graduate Students			授予博士学位 Doctor's degree				授予硕士学位 Master's degree			
合计 Total	博士 Doctor's degree	硕士 Master's degree	合计 Total	理学 Natural sciences	工学 Enginee-ring sciences	其他 Others	合计 Total	理学 Natural sciences	工学 Enginee-ring sciences	其他 Others
216	120	96	35	32		3	17	8		9
505	170	335	29	5	24		44	6	13	25
1394	678	716	146	68	70	8	181	59	44	78
164	91	73	25	17	8		20	12	5	3
241	129	112	32	19	6	7	26	11	3	12
344	153	191	33	32		1	52	36		16
123	55	68	8		8		18		14	4
390	201	189	39		39		43		16	27
132	49	83	9		9		22		6	16
1488	733	755	166	153	11	2	161	107	7	47
148	78	70	19	19			14	13		1
434	216	218	38	38			62	43		19
232	81	151	23	23			27	19		8
315	164	151	40	38		2	23	15		8
359	194	165	46	35	11		35	17	7	11
1042	572	470	65	30	28	7	118	17	46	55
174	92	82	15	6	9		23	4	9	10
184	107	77	16	9		7	20	3		17
541	293	248	25	6	19		65	2	37	26

单位 Institution	录取研究生 Enrollment in 2018		
	合计 Total	博士 Doctor's degree	硕士 Master's degree
地球环境研究所 Inst. of Earth Environment	43	20	23
甘肃省、青海省 Gansu Province and Qinghai Province	516	253	263
近代物理研究所 Inst. of Modern Physics	140	69	71
兰州化学物理研究所 Lanzhou Inst. of Chemical Physics	111	61	50
西北生态环境资源研究院 Northwest Inst. of Eco-Environment and Resources	177	92	85
青海盐湖研究所 Qinghai Inst. of Saline Lakes	39	12	27
西北高原生物研究所 Northwest Inst. of Plateau Biology	49	19	30
新疆维吾尔自治区 Xinjiang Uygur Autonomous Region	218	91	127
新疆天文台 Xinjiang Astronomical Observatory	26	13	13
新疆理化技术研究所 Xinjiang Technical Inst. of Physics and Chemistry	85	41	44
新疆生态与地理研究所 Xinjiang Inst. of Ecology and Geography	107	37	70
海南省 Hainan Province	32	14	18
深海科学与工程研究所 Institute of Deep-sea Science and Engineering	32	14	18

续表 8-2

在学研究生 Ongoing Graduate Students			授予博士学位 Doctor's degree				授予硕士学位 Master's degree			
合计 Total	博士 Doctor's degree	硕士 Master's degree	合计 Total	理学 Natural sciences	工学 Enginee-ring sciences	其他 Others	合计 Total	理学 Natural sciences	工学 Enginee-ring sciences	其他 Others
143	80	63	9	9			10	8		2
1609	895	714	196	141	55		144	89	16	39
390	235	155	29	13	16		26	7	8	11
335	185	150	57	33	24		22	7	5	10
603	364	239	75	60	15		59	46	3	10
128	44	84	13	13			15	7		8
153	67	86	22	22			22	22		
743	376	367	71	54	17		90	50	9	31
66	36	30	4	4			6	6		
292	156	136	34	18	16		28	7	7	14
385	184	201	33	32	1		56	37	2	17
91	42	49	4	4			10	10		
91	42	49	4	4			10	10		

8-3 本科生录取和毕业大学生情况
Enrollment and Graduation of Undergraduate Students

单位：人 （person）

年份 Year	录取大学生 Total enrollment			毕业大学生 Total graduation		
	合计 Total	本科 Regular college courses	专科 Special college courses	合计 Total	本科 Regular college courses	专科 Special college courses
1978	999	999				
1979	3009	3009		869	799	70
1980	557	557		1451	1334	117
1981	568	568		108		108
1982	639	588	51	690	690	
1983	721	662	59	668	668	
1984	758	714	44	529	476	53
1985	835	777	58	593	534	59
1986	752	752		574	574	
1987	985	810	175	572	572	
1988	1054	774	280	850	638	212
1989	748	632	116	892	687	205
1990	860	695	165	1003	734	269
1991	970	776	194	820	683	137
1992	1291	865	426	987	821	166
1993	1870	1032	838	899	684	215
1994	1721	1084	637	869	493	376
1995	1621	1123	498	1502	611	891
1996	1759	1148	611	1494	867	627
1997	1448	1248	200	1366	886	480
1998	1583	996	587	1590	1450	140
1999	1980	1840	140	1181	984	197
2000	2042	1902	140	1875	1540	335

续表 8-3

年份 Year	录取大学生 Total enrollment			毕业大学生 Total graduation		
	合计 Total	本科 Regular college courses	专科 Special college courses	合计 Total	本科 Regular college courses	专科 Special college courses
2001	2005	1825	180	1986	1704	282
2002	1863	1863		2012	1871	141
2003	1862	1862		2321	2321	
2004	1848	1848		1754	1754	
2005	1842	1842		1763	1763	
2006	1941	1941		1797	1797	
2007	1963	1963		1753	1753	
2008	1690	1690		1866	1866	
2009	1806	1806		1845	1845	
2010	1787	1787		1884	1877	7
2011	1788	1788		1918	1918	
2012	1828	1828		1680	1680	
2013	1856	1856		1736	1736	
2014	2278	2278		1757	1757	
2015	2127	2127		1714	1714	
2016	2257	2257		1774	1774	
2017	2208	2208		1741	1741	
2018	2258	2258		2035	2035	

8-4 中国科学院院长奖学金获奖情况

Statistics of CAS President's Scholarship

单位：人 （person）

年份 Year	获特别奖人数 Number of special awards	获优秀奖人数 Number of excellence awards
1989	8	136
1990	10	145
1991	10	142
1992	9	154
1993	10	154
1994	15	151
1995	16	152
1996	20	150
1997	20	149
1998	20	150
1999	20	150
2000	20	149
2001	19	151
2002	20	150
2003	20	200
2004	20	199
2005	20	196
2006	20	199
2007	20	200
2008	20	200
2009	20	200
2010	20	200
2011	50	300
2012	50	300
2013	50	300
2014	50	300
2015	50	300
2016	50	300
2017	50	300
2018	50	300

九、专利、科技论文、获奖成果

PATENTS, S&T PAPERS AND AWARD-WINNING ACHIEVEMENTS

9-1　专利申请受理量及授权量

Number of Patents Applied and Granted

单位：件　　　　(item)

年份 Year	申请量 Applied					授权量 Granted				
	合计 Total	发明 Invention	实用新型 Utility model	外观设计 Exterior design	国外 Overseas	合计 Total	发明 Invention	实用新型 Utility model	外观设计 Exterior design	国外 Overseas
1985～1997	5374	3294	2043	37		2295	1015	1269	11	
1998	1059	694	346	19		264	76	176	12	
1999	1127	775	340	12		472	108	360	4	
2000	1701	1218	468	15		802	442	352	8	
2001	2010	1491	477	7	35	920	449	453	12	6
2002	2523	1945	502	19	57	1006	583	413	5	5
2003	3263	2617	578	15	53	1534	1055	450	17	12
2004	3595	2944	567	35	49	2048	1484	521	29	14
2005	3960	3328	492	79	61	1959	1498	429	21	11
2006	4092	3510	487	11	84	2111	1536	517	45	13
2007	4424	3907	426	6	85	2197	1659	508	12	18
2008	5616	4826	582	20	188	2665	2072	554	11	28
2009	6222	5481	529	8	204	3167	2579	539	15	34
2010	7527	6608	568	21	330	3406	2731	604	13	58
2011	9487	8178	729	52	528	4522	3744	659	46	73
2012	11028	9644	741	31	612	5974	5017	825	33	99
2013	13292	11392	1282	36	582	6383	4944	1220	40	179
2014	13941	12077	1268	37	559	7121	5507	1361	43	210
2015	13475	11551	1285	30	609	8527	6983	1301	29	214
2016	14881	12461	1579	46	795	9786	8170	1312	39	265
2017	15829	13170	1728	42	889	10223	8488	1352	47	336
2018	17686	14725	1977	46	938	9616	7195	1979	58	384

9-2 专利申请受理量及授权量（2018 年）

Number of Patents Applied and Granted: 2018

单位：件 （item）

机构名称 Institution	申请量 Applied					授权量 Granted				
	合计 Total	发明 Invention	实用新型 Utility model	外观设计 Exterior design	国外 Overseas	合计 Total	发明 Invention	实用新型 Utility model	外观设计 Exterior design	国外 Overseas
总计 Total	**17686**	**14725**	**1977**	**46**	**938**	**9616**	**7195**	**1979**	**58**	**384**
大连化学物理研究所 Dalian Inst. of Chemical Physics	1487	1308	43	10	126	561	430	54	1	76
深圳先进技术研究院 Shenzhen Institutes of Advanced Technology	1226	837	196	7	186	577	413	148	5	11
中国科学技术大学 University of Science and Technology of China	822	652	162	1	7	398	267	129	0	2
合肥物质科学研究院 Hefei Institutes of Physical Sciences	651	553	86	5	7	322	226	90	6	0
长春光学精密机械与物理研究所 Changchun Inst. of Optics, Fine Mechanics and Physics	643	636	7	0	0	245	237	8	0	0
宁波材料技术与工程研究所 Ningbo Inst. of Material Technology and Engineering	565	494	44	0	27	298	244	31	5	18
过程工程研究所 Inst. of Process Engineering	467	381	17	0	69	244	176	27	0	41
理化技术研究所 Technical Inst. of Physics and Chemistry	438	340	85	0	13	219	158	60	0	1
西安光学精密机械研究所 Xi'an Inst. of Optics and Precision Mechanics	431	281	147	0	3	289	102	186	0	1
金属研究所 Inst. of Metal Research	396	353	40	0	3	180	126	51	0	3
沈阳自动化研究所 Shenyang Inst. of Automation	383	286	77	1	19	213	137	73	0	3

续表 9-2

机构名称 Institution	申请量 Applied					授权量 Granted				
	合计 Total	发明 Invention	实用新型 Utility model	外观设计 Exterior design	国外 Overseas	合计 Total	发明 Invention	实用新型 Utility model	外观设计 Exterior design	国外 Overseas
微电子研究所 Inst. of Microelectronics	344	315	1	1	27	332	296	9	0	27
工程热物理研究所 Inst. of Engineering Thermophysics	306	194	111	0	1	168	99	66	2	1
化学研究所 Inst. of Chemistry	306	296	2	0	8	132	121	6	0	5
上海硅酸盐研究所 Shanghai Inst. of Ceramics	298	269	23	0	6	139	111	21	0	7
自动化研究所 Inst. of Automation	273	252	10	4	7	173	152	11	3	7
半导体研究所 Inst. of Semiconductors	272	263	3	0	6	142	132	6	0	4
青岛生物能源与过程研究所 Qingdao Inst. of Bioenergy and Bioprocess Technology	262	249	7	0	6	84	76	7	0	1
上海药物研究所 Shanghai Inst. of Materia Medica	261	134	2	0	125	94	52	2	0	40
兰州化学物理研究所 Lanzhou Inst. of Chemical Physics	258	239	15	0	4	71	65	4	0	2
苏州纳米技术与纳米仿生研究所 Suzhou Inst. of Nano-tech and Nano-Bionics	253	220	8	0	25	134	110	14	0	10
信息工程研究所 Inst. of Information Engineering	245	241	2	1	1	110	108	0	1	1
福建物质结构研究所 Fujian Inst. of Research on the Structure of Matter	244	201	32	0	11	125	94	28	0	3
声学研究所 Inst. of Acoustics	242	210	22	0	10	153	133	11	0	9
苏州生物医学工程技术研究所 Suzhou Inst. of Biomedical Engineering and Technology	242	156	78	2	6	105	55	47	3	0

续表 9-2

机构名称 Institution	申请量 Applied					授权量 Granted				
	合计 Total	发明 Invention	实用新型 Utility model	外观设计 Exterior design	国外 Overseas	合计 Total	发明 Invention	实用新型 Utility model	外观设计 Exterior design	国外 Overseas
长春应用化学研究所 Changchun Inst. of Applied Chemistry	228	212	5	0	11	150	130	5	9	6
上海微系统与信息技术研究所 Shanghai Inst. of Microsystem and Information Technology	222	192	15	0	15	172	147	18	0	7
广州能源研究所 Guangzhou Inst. of Energy Conversion	214	150	48	0	16	127	79	41	0	7
上海光学精密机械研究所 Shanghai Inst. of Optics and Fine Mechanics	210	203	2	0	5	163	154	1	0	8
计算技术研究所 Inst. of Computing Technology	207	195	0	0	12	153	153	0	0	0
上海技术物理研究所 Shanghai Inst. of Technical Physics	204	142	62	0	0	154	71	83	0	0
国家纳米科学中心 National Center for Nanoscience and Technology	203	189	14	0	0	79	73	6	0	0
武汉岩土力学研究所 Wuhan Inst. of Rock and Soil Mechanics	179	113	66	0	0	208	86	113	9	0
电工研究所 Inst. of Electrical Engineering	171	159	10	0	2	80	79	1	0	0
上海生命科学研究院 Shanghai Institutes for Biological Sciences	166	135	3	0	28	49	44	1	0	4
光电技术研究所 Inst. of Optics and Electronics	156	150	6	0	0	69	65	0	0	4
物理研究所 Inst. of Physics	145	134	3	0	8	66	56	2	0	8
寒区旱区环境与工程研究所 Cold and Arid Regions Environmental and Engineering Research Inst.	144	106	38	0	0	75	21	54	0	0

续表 9-2

机构名称 Institution	申请量 Applied					授权量 Granted				
	合计 Total	发明 Invention	实用新型 Utility model	外观设计 Exterior design	国外 Overseas	合计 Total	发明 Invention	实用新型 Utility model	外观设计 Exterior design	国外 Overseas
重庆绿色智能技术研究院 Chongqing Inst. of Green and Intelligent Technology	135	100	35	0	0	71	60	11	0	0
生态环境研究中心 Research Center for Eco-Environmental Sciences	134	120	12	0	2	56	46	10	0	0
海洋研究所 Inst. of Oceanology	133	114	18	0	1	72	41	31	0	0
东北地理与农业生态研究所 Northeast Inst. of Geography and Agricultural Ecology	125	106	19	0	0	36	29	7	0	0
上海高等研究院 Shanghai Advanced Research Institute	125	115	9	0	1	136	126	9	0	1
上海有机化学研究所 Shanghai Inst. of Organic Chemistry	124	96	3	0	25	30	25	1	0	4
地理科学与资源研究所 Inst. of Geographic Sciences and Natural Resources Research	121	58	63	0	0	67	35	32	0	0
电子学研究所 Inst. of Electronics	115	113	2	0	0	114	77	37	0	0
力学研究所 Inst. of Mechanics	109	109	0	0	0	62	61	0	0	1
山西煤炭化学研究所 Shanxi Inst. of Coal Chemistry	107	101	6	0	0	51	43	8	0	0
上海应用物理研究所 Shanghai Inst. of Applied Physics	107	91	16	0	0	52	40	12	0	0
南海海洋研究所 South China Sea Inst. of Oceanology	104	86	10	2	6	56	40	8	3	5
光电研究院 Academy of Opto-Electronics	103	79	23	0	1	114	77	37	0	0

续表 9-2

机构名称 Institution	申请量 Applied					授权量 Granted				
	合计 Total	发明 Invention	实用新型 Utility model	外观设计 Exterior design	国外 Overseas	合计 Total	发明 Invention	实用新型 Utility model	外观设计 Exterior design	国外 Overseas
地质与地球物理研究所 Inst. of Geology and Geophysics	92	65	4	0	23	101	81	7	1	12
国家空间科学中心 National Space Science Center	83	83	0	0	0	56	56	0	0	0
微生物研究所 Inst. of Microbiology	83	80	1	0	2	34	31	3	0	0
北京纳米能源与系统研究所 Beijing Inst. of Nanoenergy and Nanosystems	80	67	2	0	11	61	49	3	0	9
天津工业生物技术研究所 Tianjin Inst. of Industrial Biotechnology	78	69	2	0	7	49	37	2	1	9
成都生物研究所 Chengdu Inst. of Biology	77	62	10	5	0	20	13	3	4	0
南京地理与湖泊研究所 Nanjing Inst. of Geography and Limnology	77	62	15	0	0	52	23	29	0	0
青海盐湖研究所 Qinghai Inst. of Saline Lakes	77	77	0	0	0	50	48	2	0	0
遗传与发育生物学研究所 Inst. of Genetics and Developmental Biology	75	60	5	0	10	37	26	8	0	3
城市环境研究所 Inst. of Urban Environment	72	57	15	0	0	41	13	28	0	0
新疆理化技术研究所 Xinjiang Technical Inst. of Physics and Chemistry	72	70	1	0	1	52	52	0	0	0
近代物理研究所 Inst. of Modern Physics	67	48	19	0	0	35	21	10	0	4
高能物理研究所 Inst. of High Energy Physics	64	56	8	0	0	48	36	12	0	0

续表 9-2

机构名称 Institution	申请量 Applied					授权量 Granted				
	合计 Total	发明 Invention	实用新型 Utility model	外观设计 Exterior design	国外 Overseas	合计 Total	发明 Invention	实用新型 Utility model	外观设计 Exterior design	国外 Overseas
昆明植物研究所 Kunming Inst. of Botany	64	64	0	0	0	29	28	1	0	0
中科院广州化学有限公司 CAS Guangzhou Chemistry Co., Ltd.	61	61	0	0	0	31	31	0	0	0
软件研究所 Inst. of Software	55	55	0	0	0	35	35	0	0	0
武汉物理与数学研究所 Wuhan Inst. of Physics and Mathematics	55	47	8	0	0	49	38	11	0	0
华南植物园 South China Botanical Garden	52	37	10	0	5	41	31	9	0	1
遥感与数字地球研究所 Inst. of Remote Sensing and Digital Earth	52	50	2	0	0	75	67	8	0	0
计算机网络信息中心 Computer Network Information Center	51	49	2	0	0	13	12	1	0	0
烟台海岸带研究所 Yantai Inst. of Coastal Zone Research	51	44	7	0	0	31	20	11	0	0
沈阳应用生态研究所 Shenyang Inst. of Applied Ecology	47	42	5	0	0	17	13	4	0	0
植物研究所 Inst. of Botany	46	21	11	0	14	41	25	13	0	3
南京土壤研究所 Nanjing Inst. of Soil Science	45	43	2	0	0	27	16	10	0	1
地球化学研究所 Inst. of Geochemistry	42	32	9	0	1	44	27	17	0	0
国家天文台 National Astronomical Observatories	40	26	14	0	0	32	23	9	0	0
昆明动物研究所 Kunming Inst. of Zoology	40	27	11	2	0	11	8	2	1	0
水生生物研究所 Inst. of Hydrobiology	38	35	3	0	0	42	21	21	0	0

续表 9-2

机构名称 Institution	申请量 Applied					授权量 Granted				
	合计 Total	发明 Invention	实用新型 Utility model	外观设计 Exterior design	国外 Overseas	合计 Total	发明 Invention	实用新型 Utility model	外观设计 Exterior design	国外 Overseas
武汉植物园 Wuhan Botanical Garden	38	37	1	0	0	21	21	0	0	0
成都山地灾害与环境研究所 Chengdu Inst. of Mountain Hazards and Environment	35	17	15	0	3	50	20	29	0	1
中科院广州电子技术有限公司 Guangzhou Electronic Technology Co., Ltd. CAS	33	15	14	4	0	5	0	5	0	0
空间应用工程与技术中心 Technology and Engineering Center for Space Utilization	32	24	8	0	0	19	11	8	0	0
生物物理研究所 Inst. of Biophysics	31	29	1	0	1	28	18	5	0	5
中国科学院大学 University of CAS	30	27	3	0	0	16	12	4	0	0
成都有机化学有限公司 Chengdu Organic Chemistry Co., Ltd.	29	29	0	0	0	2	2	0	0	0
广州地球化学研究所 Guangzhou Inst. of Geochemistry	28	22	6	0	0	9	6	3	0	0
大气物理研究所 Inst. of Atmospheric Physics	26	19	7	0	0	12	6	6	0	0
南京天文光学技术研究所 Nanjing Inst. of Astronomical Optics & Technology, National Astronomical Observatories	26	24	0	0	2	8	7	1	0	0
西北高原生物研究所 Northwest Inst. of Plateau Biology	24	17	2	0	5	47	34	8	0	5
广州生物医药与健康研究院 Guangzhou Institutes of Biomedicine and Health	23	13	0	0	10	32	30	0	0	2

续表 9-2

机构名称 Institution	申请量 Applied					授权量 Granted				
	合计 Total	发明 Invention	实用新型 Utility model	外观设计 Exterior design	国外 Overseas	合计 Total	发明 Invention	实用新型 Utility model	外观设计 Exterior design	国外 Overseas
国家授时中心 National Time Service Center	23	22	1	0	0	21	16	5	0	0
武汉病毒研究所 Wuhan Inst. of Virology	23	19	3	0	1	7	5	2	0	0
亚热带农业生态研究所 Inst. of Subtropical Agriculture	20	20	0	0	0	15	14	1	0	0
新疆生态与地理研究所 Xinjiang Inst. of Ecology and Geography	19	16	3	0	0	12	12	0	0	0
测量与地球物理研究所 Institute of Geodesy and Geophysics	18	18	0	0	0	11	11	0	0	0
沈阳计算技术研究所有限公司 CAS Shenyang Inst. of Computing Technology Co., Ltd.	18	18	0	0	0	20	20	0	0	0
云南天文台 YunNan Astronomical Observatory	18	8	10	0	0	28	11	17	0	0
北京基因组研究所 Beijing Inst. of Genomics	16	16	0	0	0	19	19	0	0	0
心理研究所 Inst. of Psychology	15	6	6	1	2	20	6	13	1	0
紫金山天文台 Purple Mountain Observatory	14	14	0	0	0	10	7	3	0	0
地球环境研究所 Inst. of Earth Environment	10	6	3	0	1	8	6	2	0	0
动物研究所 Inst. of Zoology	10	10	0	0	0	3	3	0	0	0
上海天文台 Shanghai Astronomical Observatory	10	7	1	0	2	8	8	0	0	0
新疆天文台 Xinjiang Astronomical Observatory	10	9	1	0	0	8	6	2	0	0
上海巴斯德研究所 Institut Pasteur of Shanghai	9	8	0	0	1	5	5	0	0	0

续表 9-2

机构名称 Institution	申请量 Applied					授权量 Granted				
	合计 Total	发明 Invention	实用新型 Utility model	外观设计 Exterior design	国外 Overseas	合计 Total	发明 Invention	实用新型 Utility model	外观设计 Exterior design	国外 Overseas
成都中科唯实仪器有限责任公司 CAS Chengdu Wish Instrument Co., Ltd.	8	2	6	0	0	7	0	6	1	0
西双版纳热带植物园 Xishuangbanna Tropical Botanical Garden	8	6	2	0	0	13	8	4	0	1
北京综合研究中心 Beijing Advanced Sciences and Innovation Centre of CAS	6	5	1	0	0	1	1	0	0	0
沈阳科学仪器股份有限公司 CAS Shenyang Scientific Instrument Development Co., Ltd.	6	6	0	0	0	2	2	0	0	0
建筑设计研究院有限公司 Inst. of Architecture Design and Research, CAS	5	1	4	0	0	5	0	4	1	0
北京中科科仪股份有限公司 KYKY Technology Co., Ltd	4	1	3	0	0	1	1	0	0	0
成都信息技术股份有限公司 Chengdu Information Technology Co., Ltd.	4	4	0	0	0	5	3	1	1	0
兰州油气资源中心 Lanzhou Center for Oil and Gas Resources	4	3	1	0	0	4	0	4	0	0
南京中科天文仪器有限公司 CAS Nanjing Astronomic Instrument Co., Ltd.	4	4	0	0	0	2	1	1	0	0
青藏高原研究所 Institute of Tibetan Plateau Research, Chinese Academy of Sciences	2	1	1	0	0	2	0	2	0	0

续表 9-2

机构名称 Institution	申请量 Applied					授权量 Granted				
	合计 Total	发明 Invention	实用新型 Utility model	外观设计 Exterior design	国外 Overseas	合计 Total	发明 Invention	实用新型 Utility model	外观设计 Exterior design	国外 Overseas
数学与系统科学研究院 Academy of Mathematics and Systems Science	2	2	0	0	0	1	1	0	0	0
长春人造卫星观测站 Changchun Observatory, National Astronomical Observatories	1	1	0	0	0	1	0	1	0	0
科技战略咨询研究院 Institutes of Science and Development	1	1	0	0	0	3	2	1	0	0
武汉文献情报中心 Wuhan Library	1	1	0	0	0	1	1	0	0	0

9-3 科技论文的发表及被引用情况
S&T Publications and Citations

年份 Year	被国际上收录（篇） Catalogued by major international indexes (article)	SCIE 论文 Catalogued by SCIE (article)	SCI 论文被引用 Cited internationally 篇 (article)	次 (time)	国内刊物发表（篇） Publications in domestic journals (article)
1988	2212	1713			5458
1989	1740	1270			6099
1990	2097	1611	1568		6430
1991	2304	1690	1217	2440	6671
1992	2642	1724	1943	3898	7170
1993	3539	1877	2284	4393	6754
1994	4064	1993	2318	4286	7038
1995	4614	2276	2615	5033	7424
1996	4219	2224	2943	5727	7813
1997	5500	2926	3436	6724	8175
1998	5478	3277	3815	7534	8593
1999	8249	5376	4250	8582	9526
2000	9186	6063	5219	11046	10299
2001	10165	6725	6135	13658	11022
2002	11740	7611	7756	17624	11181
2003	14516	8632	9772	24746	12169
2004	15738	9500	9860	24746	12790
2005	22257	11952	15053	41934	13826
2006	23589	12392	17620	51926	14654
2007	24045	12423	19853	62007	13872
2008	26569	13761	23284	78600	13673
2009	26104	14202	24995	96405	13395
2010	30586	15655	25604	81489	12846
2011	29440	16550	29456	113802	10774
2012	30750	18357	35171	134453	12164
2013	37238	21094	117423	1684302	12354
2014	38119	21864	154853	2058555	11332
2015	42505	23996	168347	2367436	10574
2016	36788	16383	176630	2749346	9701
2017	43757	25132	192634	3269334	10573

资料来源：中国科技信息研究所信息分析研究中心（表 9-3，表 9-4）
Source: Center for Information Analysis, Institute of S&T Information of China (Table 9-3 and Table 9-4).

注：1. 被国际收录的论文数据采集自美国的三种在国际上颇有影响的检索工具，即科学引文索引、工程索引和科学技术会议索引，国内论文数据直接取自选作统计源的国内科技期刊（2017 年为 2423 种）。

Note: Data in “Papers catalogued by major international indexes”are from SCI, EI and CPCI-S, and data in “Publications in domestic journals” are selected directly from domestic S&T journals (2,423 journals in 2017) which are taken as the source.

2. 2012 年度及以前年度的 SCI 论文被引用数据是指 SCI 引文数据库前 5 年收录的论文在第 6 年被引用的统计。另外，自 2013 年度起，SCI 论文被引用数据是指 SCI 引文数据库在前 10 年被收录的论文在当年被引用的统计。例如，2017 年度 SCI 论文被引用数据是指 SCI 引文数据库 2007～2016 年被收录的论文在 2017 年被引用的统计。

Until 2012, citation in the sixth year of papers quoted during the previous five years. From 2013, citation in the eleventh year of papers quoted during the previous ten years. For instance, citation in 2017 of papers quoted in 2007-2016.

3. 自 1999 年，此表 SCI 论文检索数据源由光盘版改为扩展版 SCIE。

Since 1999, SCI data in the table came from the network of SCIE instead of the light disk.

9-4 科技论文的发表及被引用情况（2017年）

S&T Publications and Citations: 2017

	被国际上收录（篇）Catalogued by major international indexes (article)	SCIE论文 Catalogued by SCIE (article)	SCI论文被引用 Cited internationally 篇 (article)	次 (time)	国内刊物发表（篇）Publications in domestic journals (article)
总计 Total	**43757**	**25132**	**192634**	**3269334**	**10573**
一、院直属事业单位 Institution	35844	20969	165546	2838206	8148
北京分院（筹）Beijing Branch	14286	8128	64835	1115187	3347
沈阳分院 Shenyang Branch	3574	2070	16668	337659	690
长春分院 Changchun Branch	2185	1161	10212	265927	467
上海分院 Shanghai Branch	5588	3325	27179	497542	920
南京分院 Nanjing Branch	1283	850	5365	78457	319
合肥物质科学研究院 Hefei Institutes of Physical Sciences	1546	756	5685	79319	308
武汉分院 Wuhan Branch	1157	744	5625	64199	284
广州分院 Guangzhou Branch	2088	1307	9547	140429	498
成都分院 Chengdu Branch	904	567	3346	35244	324
昆明分院 Kunming Branch	755	632	5300	68178	181
西安分院 Xi'an Branch	558	236	1859	23480	138
兰州分院 Lanzhou Branch	1400	814	7427	105998	458
新疆分院 Xinjiang Branch	506	379	2310	22206	214
中国科学院本部 CAS Headquarters	14		188	4381	
二、学校及公共支撑单位 Universities and Public Supporting Institute	7192	3662	24730	398671	2192
三、与中国科学院共建单位 With the Chinese Academy of Sciences Build Units Institute	721	501	2358	32457	233

9-5 科技论文在国内重要期刊上发表及被引用情况

S&T Papers Published and Cited by Major Domestic Journals

年份 Year	国内期刊发表数（篇） Papers published in domestic journals (article)	其中：NSFC 基金论文数（篇） NSFC papers (article)	在国内被引用 Cited domestically 篇 (article)	次 (time)
1990	4738	1215		
1991	4780	1342		
1992	5025	1570		
1993	4826	1611		
1994	4931	1783	2164	2968
1995	5092	1848	2309	3141
1996	6592	2331	2989	3911
1997	7261	2680	3455	4701
1998	7291	4016	3998	5316
1999	8301	3353	5466	8028
2000	9356	3585	6752	10188
2001	9688	4350	7034	11047
2002	9773	4570	8546	13716
2003	10588	4770	9414	15678
2004	11112	5047	11378	19928
2005	11670	5728	12606	22567
2006	11336	5561	13809	25060
2007	11195	5654	13698	25696
2008	11219	5592	14313	26321
2009	11006	5382	16271	29725
2010	10445	5302	16189	29261
2011	12000	6331	19369	36727
2012	11752	6625	19238	36037
2013	10639	6194	19169	35954
2014	10272	6085	19237	36301
2015	11294	7179	19717	36986
2016	10678	6840	19233	36377
2017	10485	6850	18670	36581

资料来源：中国科学引文数据库。

Source: Chinese Science Citation Database.

注：中国科学引文数据库的数据来源于国内较重要的 1229 种（1989～1995 年为 315 种）中英文期刊。NSFC 基金论文数是指受国家自然科学基金资助的论文数。在国内被引用情况是指中国科学引文数据库前 5 年收录的论文在第六年被引用的统计，例如，2017 年国内被引情况是指 2012～2016 年被收录的论文在 2017 年被引用的情况，2016 年国内被引情况是指 2011～2015 年被收录的论文在 2016 年被引用的情况。其他年份依次类推。

Note: Data in Chinese Science Citation Database are from 1,229 major domestic S&T journals in Chinese and English (315 major domestic S&T journals in 1989-1995). Data of NSFC papers refer to the number of papers which are published on the basis of research projects supported by the National Natural Science Foundation of China. Domestic citation refers to the citation of papers quoted by Chinese Science Citation Database over the previous five years. For instance, the citation in 2017 of papers quoted in 2012-2016,the citation in 2016 of papers quoted in 2011-2015. The papers citation for the rest of the years is on this analogy.

9-6 科技论文在国内重要期刊上被引次数最多的前 30 名机构（2017 年）

Top 30 Institutions in Citation of S&T Papers by Major Domestic Journals: 2017

机构名称 Institution	在国内被引用 Cited domestically	
	篇 (article)	次 (time)
地理科学与资源研究所 Inst. of Geographic Sciences and Natural Resources Research	1399	4060
长春光学精密机械与物理研究所 Changchun Inst. of Optics, Fine Mechanics and Physics	968	1627
中国科学技术大学 University of Science and Technology of China	872	1389
寒区旱区环境与工程研究所 Cold and Arid Regions Environmental and Engineering Research Inst.	858	1853
生态环境研究中心 Research Center of Eco-Environmental Sciences	618	1533
地质与地球物理研究所 Inst. of Geology and Geophysics	558	1287
新疆生态与地理研究所 Xinjiang Inst. of Ecology and Geography	536	1150
中国科学院大学 University of CAS	522	882
大气物理研究所 Inst. of Atmospheric Physics	508	1068
南京土壤研究所 Nanjing Inst. of Soil Science	454	1040
合肥物质科学研究院 Hefei Inst. of Physical Science	377	571
遥感与数字地球研究所 Inst. Remote Sensing and Digital Earth	375	724
海洋研究所 Inst. of Oceanology	366	598
南京地理与湖泊研究所 Nanjing Inst. of Geography and Limnology	340	859
成都山地灾害与环境研究所 Inst. of Mountain Hazards and Environment	324	586
中国科学院水利部水土保持研究所 Inst. of Soil and Water Conservation, CAS & MWR	324	802
沈阳应用生态研究所 Shenyang Inst. of Applied Ecology	295	630

续表 9-6

机构名称 Institution	在国内被引用 Cited domestically	
	篇 (article)	次 (time)
广州地球化学研究所 Guangzhou Inst. of Geochemistry	274	573
金属研究所 Inst. of Metal Research	268	450
东北地理与农业生态研究所 Northeast Inst. of Geography and Agriculture Ecology	268	564
武汉岩土力学研究所 Wuhan Inst. of Rock and Soil Mechanics	266	531
南海海洋研究所 South China Sea Inst. of Oceanology	219	332
亚热带农业生态研究所 Inst. of Subtropical Agriculture Ecology	211	495
上海光学精密机械研究所 Shanghai Inst. of Optics and Fine Mechanics	202	284
地球化学研究所 Inst. of Geochemistry	192	363
水生生物研究所 Inst. of Hydrobiology	189	332
植物研究所 Inst. of Botany	188	449
沈阳自动化研究所 Shenyang Inst. of Automation	186	316
电工研究所 Inst. of Electrical Engineering	183	462
大连化学物理研究所 Dalian Inst.of Chemical Physics	177	270

资料来源：中国科学引文数据库。

Source: Chinese Science Citation Database.

注：国内被引情况是指 2012～2016 年被中国科学引文数据库收录的论文在 2017 年被引用的情况。

Note: Domestic citation refers to citation in 2017 of papers quoted by Chinese Science Citation Database in 2012-2016.

9-7 获国家自然科学奖情况

S&T Achievements Granted with National Natural Science Awards

年份 Year	项目 Item	获奖总项数 Total	一等奖 1st class	二等奖 2nd class	三等奖 3rd class	四等奖 4th class
1956（第一届）	全国授奖项数 National total	34	3	5	26	
	中国科学院获奖数 Awards won by CAS	23	3	2	18	
1982（第二届）	全国授奖项数 National total	125	9	40	49	27
	中国科学院获奖数 Awards won by CAS	47	2	23	17	5
1987（第三届）	全国授奖项数 National total	178	11	39	87	41
	中国科学院获奖数 Awards won by CAS	72	7	17	33	15
1989（第四届）	全国授奖项数 National total	59	2	19	23	15
	中国科学院获奖数 Awards won by CAS	32	2	11	14	5
1991（第五届）	全国授奖项数 National total	53		10	31	12
	中国科学院获奖数 Awards won by CAS	16		5	11	
1993（第六届）	全国授奖项数 National total	52	1	18	21	12
	中国科学院获奖数 Awards won by CAS	20	1	11	6	2
1995（第七届）	全国授奖项数 National total	57		15	27	15
	中国科学院获奖数 Awards won by CAS	25		10	11	4
1997（第八届）	全国授奖项数 National total	51	1	8	30	12
	中国科学院获奖数 Awards won by CAS	20	1	5	12	2
1999（第九届）	全国授奖项数 National total	57		10	31	16
	中国科学院获奖数 Awards won by CAS	21		7	11	3

续表 9-7

年份 Year	项目 Item	获奖总项数 Total	一等奖 1st class	二等奖 2nd class	三等奖 3rd class	四等奖 4th class
2000 （第十届）	全国授奖项数 National total	15		15		
	中国科学院获奖数 Awards won by CAS	6		6		
2001 （第十一届）	全国授奖项数 National total	18		18		
	中国科学院获奖数 Awards won by CAS	8		8		
2002 （第十二届）	全国授奖项数 National total	24	1	23		
	中国科学院获奖数 Awards won by CAS	12	1	11		
2003 （第十三届）	全国授奖项数 National total	19	1	18		
	中国科学院获奖数 Awards won by CAS	6	1	5		
2004 （第十四届）	全国授奖项数 National total	28		28		
	中国科学院获奖数 Awards won by CAS	10		10		
2005 （第十五届）	全国授奖项数 National total	38		38		
	中国科学院获奖数 Awards won by CAS	17		17		
2006 （第十六届）	全国授奖项数 National total	29	2	27		
	中国科学院获奖数 Awards won by CAS	12		12		
2007 （第十七届）	全国授奖项数 National total	39		39		
	中国科学院获奖数 Awards won by CAS	13		13		
2008 （第十八届）	全国授奖项数 National total	34		34		
	中国科学院获奖数 Awards won by CAS	17		17		
2009 （第十九届）	全国授奖项数 National total	28	1	27		
	中国科学院获奖数 Awards won by CAS	13	1	12		
2010 （第二十届）	全国授奖项数 National total	30		30		
	中国科学院获奖数 Awards won by CAS	10		10		

续表 9-7

年份 Year	项目 Item	获奖总项数 Total	一等奖 1st class	二等奖 2nd class	三等奖 3rd class	四等奖 4th class
2011 （第二十一届）	全国授奖项数 National total	36		36		
	中国科学院获奖数 Awards won by CAS	13		13		
2012 （第二十二届）	全国授奖项数 National total	41		41		
	中国科学院获奖数 Awards won by CAS	18		18		
2013 （第二十三届）	全国授奖项数 National total	54	1	53		
	中国科学院获奖数 Awards won by CAS	17	1	16		
2014 （第二十四届）	全国授奖项数 National total	46	1	45		
	中国科学院获奖数 Awards won by CAS	20		20		
2015 （第二十五届）	全国授奖项数 National total	42	1	41		
	中国科学院获奖数 Awards won by CAS	10	1	9		
2016 （第二十六届）	全国授奖项数 National total	42	1	41		
	中国科学院获奖数 Awards won by CAS	13	1	12		
2017 （第二十七届）	全国授奖项数 National total	35	2	33		
	中国科学院获奖数 Awards won by CAS	12	1	11		
2018 （第二十八届）	全国授奖项数 National total	38	1	37		
	中国科学院获奖数 Awards won by CAS	9		9		

注：表中，中国科学院获奖数是中国科学院直属单位为第一完成单位的获奖数。自 2000 年始国家自然科学奖只设一等奖、二等奖。2003 年增设特等奖。

Note: In the table, the number of awards won by CAS indicates the number of awards won by the CAS institution who is the first unit for the achievement. Since 2000, National Natural Science Awards only has had 1st and 2nd class Awards. Since 2003, Special Class Award of Natural Science Awards has been added.

9-8 获国家技术发明奖情况

S&T Achievements Granted with National Technology Invention Awards

年份 Year	项目 Item	获奖总项数 Total	一等奖 1st class	二等奖 2nd class	三等奖 3rd class	四等奖 4th class
1979	全国授奖项数 National total	43	1	12	24	6
	中国科学院获奖数 Awards won by CAS	12	1	3	7	1
1980	全国授奖项数 National total	109		13	75	21
	中国科学院获奖数 Awards won by CAS	22		4	17	1
1981	全国授奖项数 National total	123	3	10	56	54
	中国科学院获奖数 Awards won by CAS	6			3	3
1982	全国授奖项数 National total	153	4	17	68	64
	中国科学院获奖数 Awards won by CAS	9			4	5
1983	全国授奖项数 National total	212	5	18	108	81
	中国科学院获奖数 Awards won by CAS	11		2	8	1
1984	全国授奖项数 National total	264	7	25	125	107
	中国科学院获奖数 Awards won by CAS	15	1	3	8	3
1985	全国授奖项数 National total	185	6	18	92	69
	中国科学院获奖数 Awards won by CAS	6			4	2
1986	全国授奖项数 National total	30		3	12	15
	中国科学院获奖数 Awards won by CAS					
1987	全国授奖项数 National total	225	1	24	96	104
	中国科学院获奖数 Awards won by CAS	12		1	9	2
1988	全国授奖项数 National total	217	4	20	97	96
	中国科学院获奖数 Awards won by CAS	12	1	2	6	3

续表 9-8

年份 Year	项目 Item	获奖总项数 Total	一等奖 1st class	二等奖 2nd class	三等奖 3rd class	四等奖 4th class
1989	全国授奖项数 National total	150		14	67	69
	中国科学院获奖数 Awards won by CAS	4			3	1
1990	全国授奖项数 National total	224	3	15	113	93
	中国科学院获奖数 Awards won by CAS	5			4	1
1991	全国授奖项数 National total	209	1	12	92	104
	中国科学院获奖数 Awards won by CAS	7	1	1	4	1
1992	全国授奖项数 National total	170		10	68	92
	中国科学院获奖数 Awards won by CAS	5		1	1	3
1993	全国授奖项数 National total	175		16	74	85
	中国科学院获奖数 Awards won by CAS	5		2	3	
1995	全国授奖项数 National total	131	1	12	59	59
	中国科学院获奖数 Awards won by CAS	4		1	3	
1996	全国授奖项数 National total	111	1	8	56	46
	中国科学院获奖数 Awards won by CAS	9		1	6	2
1997	全国授奖项数 National total	100	1	13	46	40
	中国科学院获奖数 Awards won by CAS					
1998	全国授奖项数 National total	72		10	30	32
	中国科学院获奖数 Awards won by CAS	4		1	1	2
1999	全国授奖项数 National total	69		13	38	18
	中国科学院获奖数 Awards won by CAS	7		2	4	1

续表 9-8

年份 Year	项目 Item	获奖总项数 Total	一等奖 1st class	二等奖 2nd class	三等奖 3rd class	四等奖 4th class
2000	全国授奖项数 National total	23		23		
	中国科学院获奖数 Awards won by CAS	2		2		
2001	全国授奖项数 National total	14		14		
	中国科学院获奖数 Awards won by CAS	1		1		
2002	全国授奖项数 National total	21		21		
	中国科学院获奖数 Awards won by CAS	1		1		
2003	全国授奖项数 National total	19		19		
	中国科学院获奖数 Awards won by CAS	1		1		
2004	全国授奖项数 National total	28	2	26		
	中国科学院获奖数 Awards won by CAS	1		1		
2005	全国授奖项数 National total	40	1	39		
	中国科学院获奖数 Awards won by CAS	8		8		
2006	全国授奖项数 National total	56	1	55		
	中国科学院获奖数 Awards won by CAS	5		5		
2007	全国授奖项数 National total	51	1	50		
	中国科学院获奖数 Awards won by CAS	3		3		
2008	全国授奖项数 National total	55	3	52		
	中国科学院获奖数 Awards won by CAS	3		3		
2009	全国授奖项数 National total	55	2	53		
	中国科学院获奖数 Awards won by CAS	2		2		

续表 9-8

年份 Year	项目 Item	获奖总项数 Total	一等奖 1st class	二等奖 2nd class	三等奖 3rd class	四等奖 4th class
2010	全国授奖项数 National total	46	2	44		
	中国科学院获奖数 Awards won by CAS	2		2		
2011	全国授奖项数 National total	55	2	53		
	中国科学院获奖数 Awards won by CAS	6		6		
2012	全国授奖项数 National total	77	3	74		
	中国科学院获奖数 Awards won by CAS	7		7		
2013	全国授奖项数 National total	71	2	69		
	中国科学院获奖数 Awards won by CAS	12		12		
2014	全国授奖项数 National total	70	3	67		
	中国科学院获奖数 Awards won by CAS	5	1	4		
2015	全国授奖项数 National total	66	1	65		
	中国科学院获奖数 Awards won by CAS	3		3		
2016	全国授奖项数 National total	66	3	63		
	中国科学院获奖数 Awards won by CAS	4	1	3		
2017	全国授奖项数 National total	66	4	62		
	中国科学院获奖数 Awards won by CAS	12	1	11		
2018	全国授奖项数 National total	67	4	63		
	中国科学院获奖数 Awards won by CAS	8		8		

注：1. 1994 年国家技术发明奖停评一年。

Note: The evaluation of achievements for National Technology Invention Awards was suspended in 1994 for one year.

2. 表中，中国科学院获奖数是中国科学院直属单位为第一完成单位的获奖数。自 2000 年始国家技术发明奖只设一等奖、二等奖。2003 年增设特等奖。

In the table,the number of awards won by CAS indicates the number of awards won by the CAS institution who is the first unit for the achievement. Since 2000, National Technology Invention Awards only has had 1st and 2nd class Awards. Since 2003, the Special Class Award of National Technology Invention Awards has been established.

9-9 获国家科技进步奖情况

S&T Achievements Granted with National S&T Progress Awards

年份 Year	项目 Item	获奖总项数 Total	特等奖 Special class	一等奖 1st class	其中：创新团队 Of which: Innovation Team	二等奖 2nd class	三等奖 3rd class
1985	全国授奖项数 National total	1761	23	135		535	1068
	中国科学院获奖数 Awards won by CAS	73	2	8		28	35
1987	全国授奖项数 National total	807	4	50		237	516
	中国科学院获奖数 Awards won by CAS	36		1		13	22
1988	全国授奖项数 National total	515	3	34		151	327
	中国科学院获奖数 Awards won by CAS	29		4		11	14
1989	全国授奖项数 National total	504	3	36		152	313
	中国科学院获奖数 Awards won by CAS	26		1		9	16
1990	全国授奖项数 National total	505	3	32		142	328
	中国科学院获奖数 Awards won by CAS	17	1	3		5	8
1991	全国授奖项数 National total	502	1	32		140	329
	中国科学院获奖数 Awards won by CAS	28		1		11	16
1992	全国授奖项数 National total	649	3	38		195	413
	中国科学院获奖数 Awards won by CAS	40		4		14	22
1993	全国授奖项数 National total	441	2	27		122	290
	中国科学院获奖数 Awards won by CAS	22		3		10	9
1995	全国授奖项数 National total	607	2	25		182	398
	中国科学院获奖数 Awards won by CAS	44		2		13	29
1996	全国授奖项数 National total	536	4	20		169	343
	中国科学院获奖数 Awards won by CAS	31				8	23
1997	全国授奖项数 National total	475	3	19		150	303
	中国科学院获奖数 Awards won by CAS	21		1		10	10

续表 9-9

年份 Year	项目 Item	获奖总项数 Total	特等奖 Special class	一等奖 1st class	其中：创新团队 Of which: Innovation Team	二等奖 2nd class	三等奖 3rd class
1998	全国授奖项数 National total	471	3	22		133	313
	中国科学院获奖数 Awards won by CAS	24		2		6	16
1999	全国授奖项数 National total	476	2	17		143	314
	中国科学院获奖数 Awards won by CAS	20				6	14
2000	全国授奖项数 National total	250		22		228	
	中国科学院获奖数 Awards won by CAS	9				9	
2001	全国授奖项数 National total	191		17		174	
	中国科学院获奖数 Awards won by CAS	7		1		6	
2002	全国授奖项数 National total	218		18		200	
	中国科学院获奖数 Awards won by CAS	14				14	
2003	全国授奖项数 National total	216	1	16		199	
	中国科学院获奖数 Awards won by CAS	9				9	
2004	全国授奖项数 National total	244		16		228	
	中国科学院获奖数 Awards won by CAS	14		1		13	
2005	全国授奖项数 National total	236		18		218	
	中国科学院获奖数 Awards won by CAS	18				18	
2006	全国授奖项数 National total	241	1	20		220	
	中国科学院获奖数 Awards won by CAS	13		2		11	
2007	全国授奖项数 National total	254		19		235	
	中国科学院获奖数 Awards won by CAS	14				14	
2008	全国授奖项数 National total	254	3	26		225	
	中国科学院获奖数 Awards won by CAS	14		1		13	

续表 9-9

年份 Year	项目 Item	获奖总项数 Total	特等奖 Special class	一等奖 1st class	其中：创新团队 Of which: Innovation Team	二等奖 2nd class	三等奖 3rd class
2009	全国授奖项数 National total	282	3	17		262	
	中国科学院获奖数 Awards won by CAS	14				14	
2010	全国授奖项数 National total	273	3	31		239	
	中国科学院获奖数 Awards won by CAS	12		1		11	
2011	全国授奖项数 National total	283	1	20		262	
	中国科学院获奖数 Awards won by CAS	12				12	
2012	全国授奖项数 National total	212	3	22	3	187	
	中国科学院获奖数 Awards won by CAS	5		1		4	
2013	全国授奖项数 National total	188	3	24	3	161	
	中国科学院获奖数 Awards won by CAS	8		2	1	6	
2014	全国授奖项数 National total	202	3	26	3	173	
	中国科学院获奖数 Awards won by CAS	7				7	
2015	全国授奖项数 National total	187	3	17	3	167	
	中国科学院获奖数 Awards won by CAS	5		1		4	
2016	全国授奖项数 National total	171	2	20	3	149	
	中国科学院获奖数 Awards won by CAS	6		1		5	
2017	全国授奖项数 National total	170	3	21	3	146	
	中国科学院获奖数 Awards won by CAS	5		1	1	4	
2018	全国授奖项数 National total	173	2	23	3	148	
	中国科学院获奖数 Awards won by CAS	5		1		4	

注：1. 国家科技进步奖 1986 年、1994 年停评。

Note: The evaluation of achievements for National S&T Progress Awards was suspended in 1986 and 1994 respectively.

2. 表中，中国科学院获奖数是中国科学院直属单位为第一完成单位的获奖数。自 2000 年始国家科技进步奖设一等奖、二等奖。2003 年增设特等奖。2012 年在科技进步奖中增设创新团队。

In the table, the number of awards won by CAS indicates the number of awards won by the CAS institution who is the first unit for the achievement. Since 2000, National S&T Progress Awards has had only 1st and 2nd class Awards. Since 2003, the Special Class Award of National S&T Progress Awards has been established.Since 2012, the Innovation Team Award of Nation S&T Progress Awards has been established.

9-10 获国家科学技术奖情况（2018 年）
S&T Achievements Granted with National S&T Awards: 2018

	合计 Total	一等奖 1st class	二等奖 2nd class
总计 Total	**22**	**1**	**21**
一、国家最高科学技术奖（人） State Supreme S&T Award (person)			
二、国家自然科学奖（项） National Natural Science Award (item)	9		9
国家纳米科学中心 National Center for Nanoscience and Technology			2
中国科学技术大学 University of Science and Technology of China			2
数学与系统科学研究院 Academy of Mathematics and Systems Science			1
化学研究所 Inst. of Chemistry			1
生态环境研究中心 Research Center for Eco-Environmental Sciences			1
武汉病毒研究所 Wuhan Inst. of Virology			1
广州生物医药与健康研究院 Guangzhou Institutes of Biomedicine and Health			1
三、国家技术发明奖（项） National Technology Invention Award (item)	8		8
物理研究所 Inst. of Physics			1
半导体研究所 Inst. of Semiconductors			1
电子学研究所 Inst. of Electronics			1
金属研究所 Inst. of Metal Research			1
上海光学精密机械研究所 Shanghai Inst. of Optics and Fine Mechanics			1
广州能源研究所 Guangzhou Inst. of Energy Conversion			1
兰州化学物理研究所 Lanzhou Inst. of Chemical Physics			1
中国科学技术大学 University of Science and Technology of China			1

续表 9-10

	合计 Total	一等奖 1st class	二等奖 2nd class
四、国家科技进步奖（项） National S&T Progress Award (item)	5	1	4
长春光学精密机械与物理研究所 Changchun Inst. of Optics, Fine Mechanics and Physics		1	
过程工程研究所 Inst. of Process Engineering			1
遥感与数字地球研究所 Inst. of Remote Sensing and Digital Earth			1
软件研究所 Inst. of Software			1
寒区旱区环境与工程研究所 Cold and Arid Regions Environmental and Engineering Research Inst.			1

注：1. 国家最高科学技术奖每年只奖励 2 人。

Note: State Supreme S&T Award is only given to 2 persons every year.

2. 总计中不包括国家最高科学技术奖。

The total number excludes the State Supreme S&T Award.

3. 表中，中国科学院获奖数是中国科学院直属单位为第一完成单位的获奖数。另外，中国科学院物理研究所作为主要完成单位参与的“量子反常霍尔效应的实验发现”获 2018 年度国家自然科学奖一等奖。

In the table, the number of awards won by CAS indicates the number of awards won by the CAS institution who is the first unit for the achievement. As one of the major participants, Institute of Physics achieved the first prize in the State Natural Science Award due to their excellent research in experimental discovery of the quantum anomalous Hall effect.

十、院、所投资企业开发经营活动

BUSINESS ACTIVITIES OF CAS AND ITS INSTITUTION INVESTED ENTERPRISES

10-1　院、所投资企业总体情况

Statistical Indices of CAS and Its Institution Invested Enterprises

单位：万元　　（ten thousand yuan）

项目 Items	2013 年	2014 年	2015 年	2016 年	2017 年	2018 年
资产总额 Total assets	30583755	40024198	44144424	47744334	51445817	76462809
流动资产 Current assets	20943740	24232016	25899815	26711412	28323330	39045776
负债总额 Total liabilities	21650431	28793473	30285426	32187378	34004777	57448537
所有者权益 Total owners' equity	6636620	8343948	11374358	12917272	13800845	14961261
营业收入 Operating income	29342342	34479492	37238065	37930916	40176015	45627364
营业成本 Cost of sales	24605630	28540721	30976065	31478606	33556708	38327055
费用总额 Total fees	3949612	4815212	5846207	5985075	6684463	6971113
利润总额 Total profit	1208949	1341983	803002	1623938	1681839	1557566
上缴税金总额 Total tax paid	827707	859915	895847	1609264	1984611	2188545
利税总额 Total profit and tax	1808548	1982243	1681945	2914699	3330061	3471239
创汇额（万美元） Foreign exchange income (ten thousand US dollars)	518466	493127	498962			
R&D 投入 R&D investment	581984	744430	1150348	1114451	1239937	1332001
上缴院所利润 Profit turned over to CAS and institutes	31329	37109	39997	45276	102299	82175
上缴院所费用 Fees turned over to CAS and institutes	1528	2873	1267	1423	1241	4331
在职职工总数(人) Total number of regular staff	131330	136840	160462	160791	171420	196642
统计企业数（个） Number of enterprises	656	717	766	828	873	944

注：各项统计指标均以企业法人为单位进行统计。

Note: The statistical indices here are calculated by taking enterprises corporate as the legal bodies.

10-2 院、所投资企业按在职职工总数分组（2018 年）

CAS and Its Institution Invested Enterprises, by Number of Staff: 2018

	合计 Total	1～10 人 1-10 persons	11～50 人 11-50 persons	51～100 人 51-100 persons	101～200 人 101-200 persons	201～300 人 201-300 persons	>301 人 >301 persons
企业数（个） Number of enterprises	944	377	305	105	77	23	57
(%)	100	39.94	32.31	11.12	8.15	2.44	6.04
人数 Number of people	196642	1528	7740	7416	10590	5718	163650
(%)	100	0.78	3.93	3.77	5.39	2.91	83.22

注：未提供人数的企业归入 1～10 人范围。

Note: The number of people of the enterprises which do not provide data is assumed as less than 10.

10-3 院、所投资企业按营业收入分组（2018 年）

CAS and Its Institution Invested Enterprises, by Operating Income: 2018

单位：万元 （ten thousand yuan）

	合计 Total	0～<100	100～<500	500～ <1000	1000～ <5000	5000～ <10000	>10000
企业数（个） Number of enterprises	596	182	100	45	132	45	92
(%)	100	30.54	16.78	7.55	22.15	7.55	15.43
营业收入 Operating income	45627364	3254	26405	31475	308148	326421	44931661
(%)	100	0.01	0.06	0.07	0.67	0.71	98.48

注：表 10-3、表 10-4、 表 10-7 中企业数（个）按集团合并报表口径进行统计。

Note: The number of enterprises in Table 10-3, Table 10-4 and Table 10-7 are calculated by taking the number of CAS invested group corporations statistical statement.

10-4 院、所投资企业按年利润总额分组（2018 年）

CAS and Its Institution Invested Enterprises, by Annual Profit: 2018

单位：万元 (ten thousand yuan)

	合计 Total	0 以下	0～ <100	100～ <500	500～ <1000	1000～ <5000	5000～ <10000	>10000
企业数（个） Number of enterprises	596	270	134	62	36	61	10	23
(%)	100.0	45.30	22.48	10.40	6.04	10.24	1.68	3.86
利润总额 Total profit	1557566	−217679	3218	16205	25456	146330	61734	1522302
(%)	100	−13.98	0.21	1.04	1.63	9.40	3.96	97.74

10-5 营业收入排序前30名的院、所投资企业（2018年）

Top 30 CAS and Its Institution Invested Enterprises in Business Income: 2018

单位：万元 （ten thousand yuan）

序号 No.	企业名称 Name of enterprises	营业收入 Operating income
1	联想控股股份有限公司 Legend Holdings Corporation	35891968
2	曙光信息产业股份有限公司 Dawning Information Industry Co., Ltd	905688
3	科大讯飞股份有限公司 IFLYTEK CO., LTD	791722
4	东方科仪控股集团有限公司 OSIC Holding Group Co.,Ltd.	697993
5	时代出版传媒股份有限公司 Time Publishing & Media Co., Ltd.	643665
6	青岛金王应用化学股份有限公司 Qingdao Kingking Applied Chemistry Co., Ltd.	545609
7	中科实业集团（控股）有限公司 China Sciences Group Co., Ltd.	510573
8	中科软科技股份有限公司 Sinosoft Co., Ltd.	485041
9	科大智能科技股份有限公司 CSG Intelligent Technology Co., Ltd.	359383
10	沈阳新松机器人自动化股份有限公司 SIASUN Robot & Automation Co., Ltd.	309473
11	上海思富医药有限公司 Shanghai SiFu Medicine Co., Ltd.	278839
12	中国科技出版传媒集团有限公司 China Science Publishing & Media Group Ltd.	250347
13	成都地奥制药集团有限公司 Chengdu Di'ao Pharmaceutical Corporation, CAS	237345
14	诺德投资股份有限公司 Nuode Investment Co., Ltd.	232144
15	星恒电源股份有限公司 Phylion Battery Co., Ltd.	213072
16	北京超图软件股份有限公司 SuperMap Software Co., Ltd.	152371
17	江西金佳谷物股份有限公司 Jiangxi Jinjia Grains Co., Ltd.	144789
18	中科合成油技术有限公司 Synfuels China Co., Ltd.	114277
19	上海杰事杰新材料（集团）股份有限公司 Shanghai GENIUS Advanced Material Co., Ltd.	113726

续表 10-5

序号 No.	企业名称 Name of enterprises	营业收入 Operating income
20	科大国创软件股份有限公司 USTC Sinovate Software Co., Ltd.	92813
21	北京中科行发投资控股有限公司 Beijing Zhongke Xingfa Investment Holding Co., Ltd.	91523
22	云南云投生态环境科技股份有限公司 Yunnan Yuntou Ecology & Environment Technology Co., Ltd.	75964
23	上海新傲科技股份有限公司 Shanghai Simgui Technology Co., Ltd.	75654
24	汉王科技股份有限公司 Hanvon Technology Co., Ltd.	74728
25	邯郸汉光科技股份有限公司 HG Technologies Co., Ltd.	69438
26	浙江花园生物高科股份有限公司 ZHEJIANG GARDEN BIOCHEMICAL HIGH-TECH CO., LTD	66022
27	甘肃海林中科科技股份有限公司 Gansu Hailin Zhongke Science & Technology Co., Ltd.	55794
28	北京绿创声学工程股份有限公司 Beijing Greentec Acoustics Engineering Holding Co., Ltd.	50459
29	福建福晶科技股份有限公司 CASTECH Inc.	49132
30	包头东宝生物技术股份有限公司 DONGBAO BIO-TECH	45275

注：“合并”指合并会计报表，又称合并财务报表，即以母公司和子公司组成的企业集团为一会计主体，以母公司和子公司单独编制的个别会计报表为基础，由母公司编制的综合反映由母公司与子公司组成的企业集团经营成果、财务状况及其变动情况的会计报表。

Note: “Merged” refers to the merged statement of accounting or merged financial statement. It means the combined accounting statement of a group company consisting of parent company and subordinate companies, on the basis of the independent accounting statement of both the parent company and the subordinate companies. The merged accounting statement made by parent company indicates group company operating results,financial status and its changes of both the parent company and subordinate companies.

10-6 利润总额排序前 30 名的院、所投资企业（2018 年）

Top 30 CAS and Its Institution Invested Enterprises in Total Profit: 2018

单位：万元 （ten thousand yuan）

序号 No.	企业名称 Name of enterprises	利润总额 Total profit
1	联想控股有限公司 Legend Holdings Corporation	853145
2	科大讯飞股份有限公司 IFLYTEK CO., LTD	65873
3	中科实业集团（控股）有限公司 China Sciences Group Co., Ltd.	57178
4	曙光信息产业股份有限公司 Dawning Information Industry Co., Ltd	53714
5	沈阳新松机器人自动化股份有限公司 SIASUN Robot&Automation Co., Ltd.	52688
6	中国科技出版传媒集团有限公司 China Science Publishing & Media Group Ltd.	46031
7	科大智能科技股份有限公司 CSG Intelligent Technology Co., Ltd.	45823
8	浙江花园生物高科股份有限公司 ZHEJIANG GARDEN BIOCHEMICAL HIGH-TECH CO., LTD	35654
9	中科合成油技术有限公司 Synfuels China Co., Ltd.	35387
10	时代出版传媒股份有限公司 Time Publishing & Media Co., Ltd.	34247
11	中科软科技股份有限公司 Sinosoft Co., Ltd.	32299
12	东方科仪控股集团有限公司 OSIC HOLDING GROUP CO., LTD.	29341
13	中国科学院控股有限公司 CAS Holding Co., Ltd.	26393
14	青岛金王应用化学股份有限公司 Qingdao Kingking Applied Chemistry Co., Ltd.	23669
15	星恒电源股份有限公司 Phylion Battery Co., Ltd.	19305
16	福建福晶科技股份有限公司 CASTECH Inc.	17439
17	北京超图软件股份有限公司 SuperMap Software Co., Ltd.	16853
18	诺德投资股份有限公司 Nuode Investment Co., Ltd.	16724
19	成都地奥制药集团有限公司 Chengdu Di'ao Pharmaceutical Corporation, CAS	14785

续表 10-6

序号 No.	企业名称 Name of enterprises	利润总额 Total profit
20	中科健康产业集团股份有限公司 Zhongke Health Industry Group Corp., Ltd.	12811
21	上海瀚讯无线技术有限公司 Jushri Technologies, Inc.	11512
22	青海锂业有限公司 Qinghai Lithium Co., Ltd.	10795
23	武汉烯王生物工程公司 Alking bioengineering (Wuhan) Co., Ltd.	10638
24	邯郸汉光科技股份有限公司 HG Technologies Co., Ltd.	7837
25	科大国盾量子技术股份有限公司 QuantumCTek Co., Ltd.	7669
26	中科九度（北京）空间信息技术有限责任公司 GeoDo (Beijing) Spatial Information Technology Co., Ltd.	7147
27	北龙中网（北京）科技有限责任公司 BEILONG CHINA NETWORK (BEIJING) SCIENCE AND TECHNOLOGY CO., LTD.	6541
28	上海思富医药有限公司 Shanghai SiFu Medicine Co., Ltd.	6116
29	北京中科科仪股份有限公司 KYKY TECHNOLOGY CO., LTD.	5923
30	中科院成都信息技术股份有限公司 Casit Information Technology Co., Ltd.	5225

10-7 院、所投资企业经营情况按行业分类（2018 年）

Statistics of Business Operation of CAS and Its Institution Invested Enterprises, by Sector: 2018

行业 Industry	企业数（个） Number of enterprises	营业收入（万元） Operating income (ten thousand yuan)	利润总额（万元） Annual profit (ten thousand yuan)
合 计 Total	**596**	**45627364**	**1557566**
采矿业 Mining	1	2	-3925
房地产业 Real estate	1	268	10
卫生和社会工作 Health and social work	1	8494	647
建筑业 Construction	5	67813	2389
居民服务、修理和其他服务业 Residential service, repair and other services	43	551664	62320
科学研究和技术服务业 Science research and technical services	154	466256	-1470
农、林、牧、渔业 Agriculture, forestry, animal husbandry and fishery	16	242211	-18898
批发和零售业 Whole sale and retail	9	338685	5204
水利、环境和公共设施管理业 Water conservancy, environment and public facility management	15	72183	10832
金融业 Finance	8	6931	2617
文化、体育和娱乐业 Culture, sports and recreation industry	12	914978	84426
信息传输、软件和信息技术服务业 Information, software and Information technology services	77	37786803	985288
制造业 Manufacturing	224	4388568	377547
住宿和餐饮业 Lodging and food service	7	11073	983
租赁和商务服务业 Leasing industry and business services	17	732025	58833
交通运输、仓储和邮政业 Transportation, warehousing and post	1	8009	119
电力、燃气及水的生产和供应业 Power, gas & water production and supply industry	5	31402	-9356

主要统计指标解释

1. 院、所投资企业

中国科学院及其所属各单位投资的全资、控股和参股企业。

2. 在职职工总数

在职职工总数包括固定合同制职工、聘用人员和临时工。

3. 少数股东权益

指集团公司的子公司所有者权益中不属于母公司的份额，在合并会计报表中用“少数股东权益”表示。

4. 所有者权益

所有者权益为资产总额扣除负债总额和少数股东权益后的余额。

5. 上缴税金总额

上缴税金总额包括增值税、营业税金及附加、所得税及其他税金的总和。

6. 营业收入

营业收入是指企业在生产经营活动中，由销售产品和商品、进行技术服务、提供劳务等取得的收入。

7. 利润总额

利润总额包括营业利润、投资净收益及营业外收支净额，为所得税前利润。

营业利润是指营业收入扣减成本、各种费用、流转税及附加税费的数额。

投资净收益是指投资收益扣除投资损失后的数额。

营业外收支净额为营业外收入减去营业外支出后的数额。

8. 利税总额

利税总额是税后净利润与全部上缴税金之和。

Explanatory Notes on Key Indicators

1. CAS and its institution invested enterprises

This refers to the wholly owned enterprises, holding companies and share holding companies invested by CAS and its institutions.

2. Total number of staff at work

This includes permanent and contract staff, invited engaged staff and temporary staff.

3. Minority interests

This refers to the share of the total owner's equity of the subordinate company in a group company which does not belong to the parent company. It is indicated as "Minority interests" on the merged statement of the group company accounting.

4. Total owner's equity

This refers to the total value of the assets in an enterprise after deducting all debts and minority shareholders' interests.

5. Total tax

This includes value added tax, business tax, surtax, income tax and other taxes.

6. Operating income

This refers to the income obtained by the enterprises in their production and business activities such as product sales, commodity sales, technical service and labor service.

7. Total profit

This refers to profit before income tax, including operation profit, net income from investment and non-operating profit. Operating profit refers to net income after deduction of cost, various expenditure, indirect tax and surtax. Net income from investment refers to investment income after deducting investment losses, and non-operating profit refers to non-operating income after deducting non-operating expenses.

8. Total profit from interest and tax

Total profit from benefits and tax refers to the net benefits plus total tax of enterprises.

十一、科技成果转移转化项目

TRANSFER AND TRANSFORMATION PROJECTS OF SCI-TECH ACHIEVEMENTS

11-1 科技成果转移转化项目总体情况

General Statistics of Transfer and Transformation of Sci-tech Achievement

年份 Year	项目数（项） Number of projects (item)	销售收入（万元） Sales income (ten thousand yuan)	利税总额（万元） Total profits and taxes (ten thousand yuan)
2001	858	1611200	351700
2002	1415	2430975	500720
2003	3002	3124331	594917
2004	2979	3589498	676499
2005	2434	4142053	759678
2006	2522	5123678	751205
2007	3415	6233741	1018048
2008	3867	9642015	1347276
2009	5108	14035242	2165263
2010	6796	20494943	3367632
2011	7012	26288144	4137872
2012	8551	30272998	4783736
2013	9907	31057911	4258326
2014	10538	34855487	4702810
2015	10460	35582257	4422394
2016	11281	38314268	4724421
2017	13364	42693087	5139600
2018	14277	45949498	5720282

注：1. 第 11 部分表中的项目数指自 1996 年以来中国科学院院属单位通过科技成果转化到地方企业并正在实施的合作项目的数量。

Note: 1. The project index in section 11 refers to the data of cooperative projects transferred by CAS institutions, since 1996, to the local enterprises, and being implemented in the current years.

2. 第 11 部分表中的销售收入及利税总额指自 1996 年以来中国科学院院属单位通过科技成果转移转化在地方企业当年产生的销售收入及利税总额。

2. The sales income and profits & taxes in section 11 refer to the total sales income and profits taxes generated by the projects transferred by CAS institutions, since 1996, to the local enterprises.

11-2 科技成果转移转化项目按销售收入分组（2018 年）

Transfer and Transformation of Sci-tech Achievement,by Sales Income: 2018

	合计 Total	1 亿元以下 Under 100 million yuan	1 亿～5 亿元 100 million-500 million yuan	5 亿～10 亿元 500 million-1 billion yuan	10 亿元以上 Over 1 billion yuan
项目数（项） Number of projects (item)	14277	13479	606	110	82
(%)	100	94.4	4.2	0.8	0.6
销售收入（亿元） Sales income (ten thousand yuan)	4595	801	1308	764	1722
(%)	100	17.4	28.5	16.6	37.5

11-3 科技成果转移转化项目按分院情况（2018 年）

Transfer and Transformation of Sci-tech Achievement, by Branches: 2018

分院及地区 Branch and region	项目数（项） Number of projects (item)	销售收入（万元） Sales income (ten thousand yuan)	利税总额（万元） Total profits and taxes (ten thousand yuan)
总计 Total	**14277**	**45949498**	**5720282**
北京分院（筹） Beijing Branch	4080	2816763	776193
沈阳分院 Shenyang Branch	1159	5074413	423934
长春分院 Changchun Branch	143	1131480	114311
上海分院 Shanghai Branch	2478	2616573	370990
南京分院 Nanjing Branch	1696	13296909	1649091
合肥物质科学研究院 Hefei Institutes of Physical Sciences	635	2429987	293825
武汉分院 Wuhan Branch	684	6828913	686174
广州分院 Guangzhou Branch	993	3004458	232938
成都分院 Chengdu Branch	243	1523217	244457
昆明分院 Kunming Branch	164	212606	34364
西安分院 Xi’an Branch	416	110100	18000
兰州分院 Lanzhou Branch	127	429016	70751
新疆分院 Xinjiang Branch	1459	6475063	805254

注：为充分发挥分院在科技成果转移转化中的作用，将全国 31 个省、自治区、直辖市（港、澳、台地区除外）按分院进行了工作区域的划分，北京分院（筹）：北京市、天津市、河北省、山西省、内蒙古自治区；沈阳分院：辽宁省、山东省；长春分院：吉林省、黑龙江省；上海分院：上海市、浙江省、福建省；南京分院：江苏省、江西省；合肥物质科学研究院：安徽省、河南省；武汉分院：湖北省、湖南省；广州分院：广东省、广西壮族自治区、海南省；成都分院：四川省、重庆市、西藏自治区；昆明分院：云南省、贵州省；西安分院：陕西省、宁夏回族自治区；兰州分院：甘肃省、青海省；新疆分院：新疆维吾尔自治区。

Note: In order to bring CAS Branches into full play in the cooperation between CAS and local governments and enterprises, CAS has put this responsibility on each of its Branches covering the nation’s 31 provinces, municipalities and autonomous regions except Hong Kong, Macao, and Taiwan Regions. The main responsible areas for each Branch are divided as followings: Beijing Area is responsible for Beijing, Tianjin, Hebei Province, Shanxi Province, Inner Mongolian Autonomous Region; Shenyang Branch for Liaoning Province, Shandong Province; Changchun Branch for Jilin Province, Heilongjiang Province; Shanghai Branch for Shanghai, Zhejiang Province, Fujian Province; Nanjing Branch for Jiangsu Province, Jiangxi Province; Hefei Institutes of physical Sciences for Anhui Province, Henan Province; Wuhan Branch for Hubei Province, Hunan Province; Guangdong Branch for Guangzhou Province, Guangxi Zhuang Autonomous Region, Hainan Province; Chengdu Branch for Sichuan Province, Chongqing, Tibet Autonomous Region; Kunming Branch for Yunnan Province, Guizhou Province; Xi’an Branch for Shaanxi Province, Ningxia Hui Autonomous Region; Lanzhou Branch for Gansu Province, Qinghai Province; Xinjiang Branch for Xinjiang Uygur Autonomous Region.

11-4 科技成果转移转化项目销售收入排序前 10 名的单位（2018 年）

Institutions with Sales Income Surpassing One Billion RMB Generated from Transfer and Transformation of Sci-tech Achievement: 2018

单位名称 Names of institutes	项目数（项） Number of projects (item)	销售收入（万元） Sales income (ten thousand yuan)	利税总额（万元） Total profits and taxes (ten thousand yuan)
大连化学物理研究所 Dalian Inst. of Chemical Physics	889	4262631	413403
沈阳自动化研究所 Shenyang Inst. of Automation	395	4014011	316363
过程工程研究所 Inst. of Process Engineering	1067	3341726	432326
中国科学技术大学 University of Science and Technology of China	841	2764991	352610
金属研究所 Inst. of Metal Research	1159	2362453	164526
合肥物质科学研究院 Hefei Inst. of Physical Sciences	613	1829020	242213
长春应用化学研究所 Changchun Inst. of Applied Chemistry	300	1469037	142308
自动化研究所 Inst. of Automation	153	1272657	543033
化学研究所 Inst. of Chemistry	115	1052200	105400
海洋研究所 Inst. of Oceanology	191	1049443	121992

十二、国际合作、港澳台地区交流

INTERNATIONAL COOPERATION, AND EXCHANGES WITH HONG KONG, MACAO AND TAIWAN REGIONS

12-1 国际合作、港澳台地区交流情况

International Cooperation , and Exchanges with Hong Kong, Macao and Taiwan Regions

单位：人•次　　　　（person • time）

年份 Year	派出 CAS staff sent	邀请 Visitors hosted by CAS	年份 Year	派出 CAS staff sent	邀请 Visitors hosted by CAS
1950	16		1992	4164	2425
1951	11		1993	4378	2719
1952	5		1994	4319	1835
1953	53		1995	4484	2554
1954	45	3	1996	5432	2018
1955	84	84	1997	5247	2990
1956	226	204	1998	5035	2861
1957	133	248	1999	7237	2895
1958	159	345	2000	6622	2929
1959	103	302	2001	7304	8576
1960	119	192	2002	8460	7987
1961	75	27	2003	7370	6730
			2004	7638	11646
1976	147	200	2005	8153	13421
1977	217	322	2006	8922	17481
1978	587	571	2007	10058	17209
1979	784	1074	2008	8638	16480
1980	950	1760	2009	10447	17668
1981	1119	1211	2010	11972	18814
1982	1322	992	2011	13878	17624
1983	1222	1798	2012	17116	14132
1984	1827	1845	2013	18937	16561
1985	1713	3197	2014	15727	14677
1986	1310	3770	2015	19916	14971
1987	2216	2558	2016	21889	15143
1988	3344	3518	2016	21889	15143
1989	4077	2097	2017	23956	17007
1990	4456	2184	2018	25653	16188
1991	4459	2544			

注：2002 年的“邀请”统计中包含了顺访外宾人次。

Note: The statistics of invited visitors in 2002 include the number of short visits.

12-2 国际合作、港澳台地区交流邀请项目按类型分类（2018年）

Statistics of Visitors Hosted by CAS, by Type of Exchange: 2018

单位：人•次 （person • time）

国家与地区 Country and region	按交流形式分类统计 By type of exchange						
	小计 Subtotal	学术访问 Academic visit	合作研究 Joint research	国际会议 International conference	培训 Training	科技展览 S&T exhibition	其他 Others
亚洲 Asia	4095	1304	933	1206	555		97
阿富汗 Afghanistan	6			1	5		
阿联酋 United Emirates	3	3					
阿曼 Oman	2			1	1		
巴基斯坦 Pakistan	226	53	53	57	63		
巴勒斯坦 Palestine	1				1		
巴林 Bahrain	1			1			
不丹 Bhutan	5			3	2		
朝鲜 DPRK	11	4	4	3			
菲律宾 Philippines	23	4	1	11	7		
格鲁吉亚 Georgia	6	2	1	3			
哈萨克斯坦 Kazakhstan	93	32	24	30	7		
韩国 R.O. Korea	453	146	140	157	3		7
吉尔吉斯斯坦 Kyrgyzstan	29	2	5	13	9		
柬埔寨 Cambodia	35	4	8	2	21		
科威特 Kuwait	2			2			
老挝 Laos	64	7	3	18	36		
黎巴嫩 Lebanon	2	1		1			

续表 12-2

国家与地区 Country and region	按交流形式分类统计 By type of exchange						
	小计 Subtotal	学术访问 Academic visit	合作研究 Joint research	国际会议 International conference	培训 Training	科技展览 S&T exhibition	其他 Others
马来西亚 Malaysia	64	10	18	15	18		3
蒙古 Mongolia	49	3	14	12	20		
孟加拉国 Bangladesh	63	5	10	25	22		1
缅甸 Union Of Myanmar	42	12	8	4	16		2
尼泊尔 Nepal	133	28	6	44	55		
日本 Japan	982	349	273	339	5		16
沙特阿拉伯 Saudi Arabia	18	5	8	4			1
塞浦路斯 Cyprus	1	1					
斯里兰卡 Sri Lanka	195	39	67	21	43		25
塔吉克斯坦 Tadzhikistan	69	18	7	16	28		
泰国 Thailand	429	244	64	92	28		1
土耳其 Turkey	25	11	5	7	2		
文莱 Brunei	12	6	6				
乌兹别克斯坦 Uzbekistan	128	28	15	18	67		
新加坡 Singapore	201	85	69	45			2
叙利亚 Syrian	1			1			
也门 Yemen	2			2			
伊拉克 Iraq	23	19		3	1		
伊朗 Iran	222	56	33	84	15		34
以色列 Israel	96	40	33	19	3		1

续表 12-2

国家与地区 Country and region	按交流形式分类统计 By type of exchange						
	小计 Subtotal	学术访问 Academic visit	合作研究 Joint research	国际会议 International conference	培训 Training	科技展览 S&T exhibition	其他 Others
印度 India	246	46	43	126	29		2
印度尼西亚 Indonesia	64	29	3	11	19		2
约旦 Jordan	9	3	4	2			
越南 Vietnam	59	9	8	13	29		
欧洲 Europe	5118	1851	1562	1457	70	3	175
爱尔兰 Ireland	18	9	2	5			2
爱沙尼亚 Estonia	3	1		2			
奥地利 Austria	91	25	46	19	1		
白俄罗斯 Belarus	34	6	20	8			
保加利亚 Bulgaria	22	10	8	1	3		
比利时 Belgium	117	43	28	41			5
冰岛 Iceland	1	1					
波黑 Bosnia and Herzegovina	1			1			
波兰 Poland	58	26	16	11	5		
丹麦 Denmark	67	24	28	13	1		1
德国 Germany	1082	417	311	311	11	3	29
俄罗斯 Russia	518	158	173	159	14		14
法国 France	710	254	241	174	12		29
芬兰 Finland	72	39	22	11			
荷兰 Netherlands	221	78	72	68			3
捷克 Czech	64	15	26	15	3		5

续表 12-2

国家与地区 Country and region	按交流形式分类统计 By type of exchange						
	小计 Subtotal	学术访问 Academic visit	合作研究 Joint research	国际会议 International conference	培训 Training	科技展览 S&T exhibition	其他 Others
克罗地亚 Croatia	18	13	2	1	2		
拉脱维亚 Latvia	6	1		4	1		
立陶宛 Lithuania	7	2	4	1			
卢森堡 Luxembourg	18	16	2				
罗马尼亚 Romania	10	3	3	3	1		
马其顿 Macedonia	1	1					
挪威 Norway	93	34	14	45			
葡萄牙 Portugal	34	20	7	6			1
瑞典 Sweden	149	64	36	46	1		2
瑞士 Switzerland	180	59	42	78	1		
塞尔维亚 Serbia	15	11	3				1
斯洛伐克 Slovak	9	4	5				
斯洛文尼亚 Slovenia	16	7	6	3			
乌克兰 Ukraine	63	6	52	5			
西班牙 Spain	88	39	28	19			2
希腊 Greece	24	12	2	8	2		
匈牙利 Hungary	63	21	7	32	1		2
亚美尼亚 Armenia	9	3	1	2	3		
意大利 Italy	310	74	120	103	1		12
英国 England	867	326	221	246	7		67
欧盟 European Union	59	29	14	16			

续表 12-2

国家与地区 Country and region	按交流形式分类统计 By type of exchange						
	小计 Subtotal	学术访问 Academic visit	合作研究 Joint research	国际会议 International conference	培训 Training	科技展览 S&T exhibition	其他 Others
非洲 Africa	416	110	94	110	102		
阿尔及利亚 Algeria	9	6	1	2			
埃及 Egypt	20	1	10	3	6		
埃塞俄比亚 Ethiopia	23	15	1	2	5		
贝宁 Benin	3				3		
布基纳法索 Burkina Faso	6				6		
布隆迪 Burundi	1				1		
多哥 Togo	2			2			
几内亚 Guinea	6	6					
加纳 Ghana	20	1	2	11	6		
加蓬 Gabonese	1	1					
津巴布韦 Zimbabwe	4	1	1		2		
冈比亚 Gambia	1				1		
刚果（金） D.R.Congo	1				1		
刚果（布） Congo	27	27					
喀麦隆 Cameroon	10	3	4	2	1		
肯尼亚 Kenya	61	7	26	12	16		
卡塔尔 Qatar	3			3			
科特迪瓦 Ivory Coast	4	1			3		
卢旺达 Rwanda	10	7		2	1		

续表 12-2

国家与地区 Country and region	按交流形式分类统计 By type of exchange						
	小计 Subtotal	学术访问 Academic visit	合作研究 Joint research	国际会议 International conference	培训 Training	科技展览 S&T exhibition	其他 Others
马达加斯加 Madagascar	2	2					
马里 Mali	4		1	1	2		
毛里求斯 Mauritius	1				1		
摩洛哥 Morocco	8		6	2			
莫桑比克 Mozambique	1	1					
南非 South Africa	34	8	6	19	1		
尼日尔 Niger	7	1	4		2		
尼日利亚 Nigeria	77	14	11	42	10		
塞内加尔 Senegal	10	3		1	6		
苏丹 Sudan	4				4		
坦桑尼亚 Tanzania	13	3		1	9		
突尼斯 Tunisia	24	1	15	1	7		
乌干达 Uganda	8				8		
赞比亚 Zambia	11	1	6	4			
北美洲 North America	4320	1949	1250	1002	31	1	87
加拿大 Canada	407	166	140	84	2		15
巴拿马 Panama	5		5				
巴巴多斯 Barbados	1		1				
危地马拉 Guatemala	1	1					
古巴 Cuba	3			3			

续表 12-2

国家与地区 Country and region	按交流形式分类统计 By type of exchange						
	小计 Subtotal	学术访问 Academic visit	合作研究 Joint research	国际会议 International conference	培训 Training	科技展览 S&T exhibition	其他 Others
洪都拉斯 Honduras	1			1			
美国 USA	3879	1770	1102	908	26	1	72
哥斯达黎加 Costa Rica	1			1			
墨西哥 Mexico	22	12	2	5	3		
南美洲 South America	121	25	23	60	13		
阿根廷 Argentina	14	3	3	7	1		
巴西 Brazil	75	14	6	48	7		
哥伦比亚 Colombia	4	2	1		1		
秘鲁 The Republic of Peru	7	2		2	3		
委内瑞拉 Venezuela	3		1	1	1		
智利 Chile	18	4	12	2			
大洋洲 Oceania	771	342	180	215	2		32
澳大利亚 Australia	704	308	166	197	2		31
巴布亚新几内亚 Papua New Guinea	3			3			
新西兰 New Zealand	64	34	14	15			1
国别不详 Country Unknown	220	97	71	32	1		19

地区 Region	按交流形式分类统计 By type of exchange						
	小计 Subtotal	学术访问 Academic visit	合作研究 Joint research	会议 Conference	培训 Training	科技展览 S&T exhibition	其他 Others
澳门 Macao	40	35	4	1			
香港 Hong Kong	405	218	114	39	22		12
台湾 Taiwan	682	183	227	254	12		6
合计 Total	**16188**	**6114**	**4458**	**4376**	**808**	**4**	**428**

12-3 国际合作、港澳台地区交流派出项目按类型分类（2018年）

Statistics of CAS Staff Sent, by Type of Exchange: 2018

单位：人•次 （person • time）

国家与地区 Country and region	按交流形式分类统计 By type of exchange						
	小计 Subtotal	学术访问 Academic visit	合作研究 Joint research	国际会议 International conference	培训 Training	科技展览 S&T exhibition	其他 Others
亚洲 Asia	6004	876	1772	3231	62		63
阿联酋 UAE	53		6	25			22
阿曼 Oman	4		2	2			
阿塞拜疆 Azerbaijan	4			4			
巴基斯坦 Pakistan	120	11	73	31			5
巴林 Bahrain	3			3			
不丹 Bhutan	7			7			
朝鲜 North Korea	8		7				1
菲律宾 Philippines	47	7	8	29			3
格鲁吉亚 Georgia	16	6		10			
哈萨克斯坦 Kazakhstan	129	22	86	20	1		
韩国 R. O. Korea	821	59	62	696			4
吉尔吉斯斯坦 Kyrgyzstan	78	9	54	7	8		
柬埔寨 Cambodia	67	16	36	15			
卡塔尔 Qatar	3			3			
老挝 Laos	88	43	32	5	8		
黎巴嫩 Lebanon	7	1	5	1			
马来西亚 Malaysia	144	10	29	105			

国家与地区 Country and region	按交流形式分类统计 By type of exchange						
	小计 Subtotal	学术访问 Academic visit	合作研究 Joint research	国际会议 International conference	培训 Training	科技展览 S&T exhibition	其他 Others
马尔代夫 Maldives	15			15			
蒙古 Mongolia	94	5	67	22			
孟加拉国 Bangladesh	39	18	15	6			
缅甸 Myanmar	204	95	89	16	4		
尼泊尔 Nepal	141	32	60	40	9		
日本 Japan	1961	251	338	1343	24		5
沙特阿拉伯 Saudi Arabia	49	12	37				
斯里兰卡 Sri Lanka	217	45	155	10			7
塔吉克斯坦 Tajikistan	115	7	90	18			
泰国 Thailand	408	83	140	169	4		12
土耳其 Turkey	32		8	22	1		1
土库曼斯坦 Turkmenistan	1		1				
文莱 Brunei	6		6				
乌兹别克斯坦 Uzbekistan	145	21	118	5	1		
新加坡 Singapore	473	57	66	348	1		1
伊朗 Iran	49		34	15			
以色列 Israel	122	13	54	55			
印度 India	160	18	34	108			
印度尼西亚 Indonesia	97	23	37	37			
约旦 Jordan	8			8			
越南 Vietnam	69	12	23	31	1		2

续表 12-3

国家与地区 Country and region	按交流形式分类统计 By type of exchange						
	小计 Subtotal	学术访问 Academic visit	合作研究 Joint research	国际会议 International conference	培训 Training	科技展览 S&T exhibition	其他 Others
欧洲 Europe	9047	1438	2126	5184	210		89
爱尔兰 Ireland	87	6	14	66			1
爱沙尼亚 Estonia	9	2	2	5			
奥地利 Austria	447	24	79	340	4		
白俄罗斯 Belarus	43	15	17	8			3
保加利亚 Bulgaria	45	5	9	31			
比利时 Belgium	195	35	38	120	2		
冰岛 Iceland	20	4	2	14			
波兰 Poland	155	37	11	107			
丹麦 Denmark	141	36	36	61	4		4
德国 Germany	1701	311	451	815	84		40
俄罗斯 Russia	539	85	110	332	11		1
法国 France	1242	175	303	732	21		11
法属波利尼西亚 French Polynesia	2		1	1			
芬兰 Finland	126	16	34	73	3		
荷兰 Netherlands	372	68	114	178	6		6
捷克 Czech	134	13	33	86	2		
克罗地亚 Croatia	22	1	3	17	1		
拉脱维亚 Latvia	4	4					
立陶宛 Lithuania	11	3		8			
卢森堡 Luxembourg	9		3	6			

续表 12-3

国家与地区 Country and region	按交流形式分类统计 By type of exchange						
	小计 Subtotal	学术访问 Academic visit	合作研究 Joint research	国际会议 International conference	培训 Training	科技展览 S&T exhibition	其他 Others
罗马尼亚 Romania	24	3	8	13			
马耳他 Malta	9	3		6			
马其顿 Macedonia	6		5	1			
挪威 Norway	130	43	23	61	1		2
葡萄牙 Portugal	134	30	13	91			
瑞典 Sweden	351	69	77	204			1
瑞士 Switzerland	614	105	220	288	1		
塞尔维亚 Serbia	30	8	4	18			
塞浦路斯 Cyprus	2			2			
斯洛伐克 Slovak	9	2	6	1			
斯洛文尼亚 Slovenia	36	6	9	21			
乌克兰 Ukraine	62	12	46	4			
西班牙 Spain	394	25	45	320	2		2
希腊 Greece	97	11	4	79	3		
匈牙利 Hungary	48	7	11	30			
亚美尼亚 Armenia	7		1	5	1		
意大利 Italy	798	82	127	569	18		2
英国 England	992	192	267	471	46		16
非洲 Africa	676	119	383	165	2		7
阿尔及利亚 Algeria	4		3				1
埃及 Egypt	28	8	6	14			

续表 12-3

国家与地区 Country and region	按交流形式分类统计 By type of exchange						
	小计 Subtotal	学术访问 Academic visit	合作研究 Joint research	国际会议 International conference	培训 Training	科技展览 S&T exhibition	其他 Others
埃塞俄比亚 Ethiopia	47	14	31	2			
贝宁 Benin	2			2			
博茨瓦纳 Botswana	15			15			
吉布提 Djibouti	10		10				
几内亚 Guinea	1		1				
津巴布韦 Zimbabwe	3		2	1			
科特迪瓦 Ivory Coast	2			2			
刚果（金） D.R.Congo	3		3				
刚果（布） Congo	4		4				
肯尼亚 Kenya	205	46	148	11			
卢旺达 Rwanda	13	4	8				1
马达加斯加 Madagascar	17	10	7				
毛里求斯 Mauritius	61		57	4			
毛里塔尼亚 Mauritania	12	1	11				
马拉维 Malawi	1			1			
摩洛哥 Morocco	57	10	3	43			1
莫桑比克 Mozambique	9		4	5			
纳米比亚 Namibia	8	1	1	4			2
南非 S.Africa	97	16	29	48	2		2
尼日利亚 Nigeria	9	1	6	2			
塞拉利昂 Sierra Leone	5	5					

续表 12-3

国家与地区 Country and region	按交流形式分类统计 By type of exchange						
	小计 Subtotal	学术访问 Academic visit	合作研究 Joint research	国际会议 International conference	培训 Training	科技展览 S&T exhibition	其他 Others
塞内加尔 Senegal	3		1	2			
坦桑尼亚 Tanzania	32	3	28	1			
突尼斯 Tunisia	17		13	4			
乌干达 Uganda	4		2	2			
赞比亚 Zambia	7		5	2			
北美洲 North America	6204	666	1038	4357	109		34
巴哈马 Bahamas	4		2	2			
巴拿马 Panama	7	2	1	4			
波多黎各 Puerto Rico	12		1	11			
多米尼加 Dominican	2	2					
古巴 Cuba	6	3		3			
加拿大 Canada	726	72	125	520	7		2
美国 USA	5385	585	903	3764	101		32
墨西哥 Mexico	61	2	6	52	1		
牙买加 Jamaica	1			1			
南美洲 South America	408	86	115	205	2		
阿根廷 Argentina	29	6	5	18			
巴西 Brazil	221	25	52	142	2		
玻利维亚 Bolivia	2			2			
法属圭亚那 Guyane Francaise	2		2				
哥伦比亚 Colombia	10	6		4			

续表 12-3

国家与地区 Country and region	按交流形式分类统计 By type of exchange						
	小计 Subtotal	学术访问 Academic visit	合作研究 Joint research	国际会议 International conference	培训 Training	科技展览 S&T exhibition	其他 Others
秘鲁 Peru	24	6	15	3			
委内瑞拉 Venezuela	2		2				
乌拉圭 Uruguay	1			1			
智利 Chile	98	43	39	16			
大洋洲 Oceania	1096	135	253	698	10		
澳大利亚 Australia	850	90	126	625	9		
巴布亚新几内亚 Papua New Guinea	16	1	1	14			
新喀里多尼亚 New Caledonia	4			4			
密克罗尼西亚联邦 Micronesia	130	32	98				
新西兰 New Zealand	96	12	28	55	1		
南极 South Pole	23	5	18				
北极 North Pole	15	9	6				
国别不详 Country Unknown	215	35	180				

地区 Region	按交流形式分类统计 By type of exchange						
	小计 Subtotal	学术访问 Academic visit	合作研究 Joint research	会议 Conference	培训 Training	科技展览 S&T exhibition	其他 Others
澳门 Macao	232	56	39	123	2	12	
香港 Hong Kong	961	208	144	555	8	39	7
台湾 Taiwan	772	146	1	623		2	
合计 Total	**25653**	**3779**	**6075**	**15141**	**405**	**53**	**200**

12-4 在国际组织任职人员情况（2018 年）

Statistics of CAS Professionals Holding Posts in Various International Organizations: 2018

	人数 Person
一、在国际组织任职人员分布情况 International organizations in which CAS professionals hold posts	1181
发展中国家科学院（院士） The Academy of Sciences for the Developing World (TWAS)	223
国际山地综合开发中心 International Center for Integrated Mountain Development (ICIMOD)	1
联合国环境规划署 United Nation's Environment Program (UN Environment)	2
联合国教科文组织 United Nations Educational, Scientific and Cultural Organization (UNESCO)	1
国际自然与自然资源保护联盟 International Union for Conservation of Nature and Natural Resources (IUCN)	10
国际纯粹与应用化学联盟 International Union of Pure and Applied Chemistry (IUPAC)	6
国际纯粹与应用物理学联盟 International Union of Pure and Applied Physics (IUPAP)	10
国际科学理事会 International Science Council (ISC)	10
国际第四纪研究联盟 International Union for Quaternary Research (INQUA)	1
国际科学院委员会 InterAcademy Council (IAC)	
国际科学院组织 InterAcademy Panel on International Issues (IAP)	
国际催化学会联盟 International Association of Catalysis Societies (IACS)	1
国际动物学会 The International Society of Zoological Sciences (ISZS)	9
国际心理学联合会 International Union of Psychological Science (IUPsyS)	3
其他国际组织 Other international organizations	904
二、其中在国际组织担任重要职务情况 Of which, major posts held by CAS professionals	181
主席 President	37
副主席 Vice President	27
常务理事 Executive Council Member	90
国家代表 National Representative	3
秘书长 Secretary-General	24
三、在国际组织任职人员中的院士人数 Number of CAS and CAE members who hold international organization posts	153

十三、文献情报、图书出版

DOCUMENTATION, INFORMATION AND OTHER PUBLICATIONS

13-1 文献情报系统馆藏文献情况

Statistics of Documentation Collected by CAS Documentation and Information System

单位：万册 (ten thousand volumes)

年份 Year	文献收藏总量 Total collection		图书 Books			期刊 Periodicals			其他文献 Others
		其中：文献情报中心和地区中心藏书量 Of which: Total books collected by NSL and 3 Branches	合计 Total	中文 Chinese	外文 Foreign languages	合计 Total	中文 Chinese	外文 Foreign languages	
1950	63	34	51			12	6	6	
1955	272	118	182	115	67	88	26	62	2
1959	813	413	484	347	137	314	81	233	15
1965	1542	849	851	608	243	664	221	433	27
1978	867	692	367	184	183	193	102	91	307
1981	1753	876	668	354	314	679	190	489	406
1985	2104	962	600	312	288	1089	352	737	415
1988	2935	1240	679	359	320	1809	367	1442	447
1990	2565	1033	836	402	434	1729	357	1372	530
1991	3306	1269	810	392	418	1834	396	1438	662
1992	3032	1446	821	402	419	1553	353	1200	658
1993	3006	1450	786	409	377	1563	364	1199	657
1994	3032	1224	791	456	335	1592	368	1224	649
1995	3632	1232	768	394	374	2236	533	1703	628
1996	3700	1248	764	405	359	2316	549	1767	620
1997	3673	1271	681	339	342	2366	567	1799	626
1998	3606	1345	586	282	304	2295	540	1754	726
1999	4150	1358	629	322	307	2180	564	1616	1342
2000	3807	1365	782	450	332	2183	555	1627	843
2001	3624	1377	741	431	311	2037	538	1499	846
2002	3284	1105	678	416	263	1739	522	1216	868
2003	3194	1432	691	390	301	1713	551	1162	790
2004	3432	1667	711	402	309	1897	556	1341	824
2005	3311	1714	692	394	298	1894	566	1328	725
2006	3327	1369	663	375	288	1943	617	1326	721
2007	3341	1527	681	393	288	1790	525	1265	870
2008	3322	1524	642	375	267	1733	514	1219	947
2009	3923	1506	485	245	240	2528	531	1997	910
2010	4045	1614	486	245	241	2589	543	2046	970
2011	3846	1400	491	247	244	2604	548	2056	751
2012	11914	1530	657	416	241	1615	591	1024	9643
2013	12323	1715	661	419	242	1670	682	988	9992
2014	12271	1466	735	458	277	1760	717	1043	9776
2015	12216	1475	713	451	262	1757	710	1047	9746
2016	5141	1062	728	495	233	3865	625	3240	548
2017	2933	1042	685	454	231	1645	676	969	603
2018	2218	1131	504	309	195	1385	490	895	329

注：中国科学院文献情报系统包括中国科学院文献情报中心、地区中心和研究所文献情报机构。

Note: CAS documentation and information system includes NSL, 2 Branches and documentation and information services in the institutes of CAS.

13-2　数字文献资源建设（2018 年）

Digital Documentation Resources: 2018

	开通数据库（种）Accessible Data Bank (title)		全文期刊（种）Full-text Periodicals (title)		自建数据库（种）Independent Data Bank (title)	
	二次文献数据库 Secondary document data bank	全文数据库 Full-text data bank	外文 Foreign languages	中文 Chinese	全文库 Full-text data bank	非全文库 Non-full-text data bank
总　计 Total	**151**	**343**	**231480**	**2217352**	**107**	**44**
其中：文献情报中心和地区中心 Of which: Collected by NSL and 2 Branches	12	132	9758	12704	4	4

注：全院范围内集团采购电子期刊数量见中国科学院国家科学图书馆可访问电子期刊数量。

Note: For group purchasing e-magazines within the range of the Academy, please see accessible e-magazines of the National Science Library of the Chinese Academy of Sciences.

13-3　文献情报系统馆藏图书、期刊情况（2018 年）

Statistics of Books and Periodicals Collected by CAS Documentation and Information System: 2018

单位：万册　　(ten thousand volumes)

	合计 Total	中文 Chinese	西文 Western languages	日文 Japanese	俄文 Russian	其他 Other languages
图书总册数 Total number of books	**504**	**309**	**178**	**5**	**12**	—
其中：文献情报中心和地区中心 Of which: Collected by NSL and 2 Branches	199	88	96	3	12	—
期刊总册数 Total items of periodicals	**1385**	**490**	**680**	**113**	**102**	—
其中：文献情报中心和地区中心 Of which: Collected by NSL and 2 Branches	861	293	424	81	63	—

13-4 文献情报系统馆藏其他文献情况（2018 年）

Statistics of other Documents Collected by CAS Documentation and Information System: 2018

	古籍（册）Ancient books (volume)	学位论文（篇）Theses (article)	会议录（册）Proceedings (volume)	专利文献（件）Patents (item)	照片图纸（张）Photos and blueprints (frame)	科技报告（篇）S&T reports (article)
总计 Total	**596528**	**219799**	**139738**	**2340825**	**1645548**	**217297**
其中：文献情报中心和地区中心 Of which: Collected by NSL and 2 Branches	477079	157231	115262	2325956	52	119701

	成果资料（件）Achievement documents (item)	标准文献（件）Standard documents (item)	音像制品（盒）Audio-visual documents (box)	缩微制品（盒）Microforms (box)	其他（件）Others (item)	
总计 Total	**44695**	**22785**	**11128**	**133268**	**269794**	
其中：文献情报中心和地区中心 Of which: Collected by NSL and 2 Branches	—	19786	3939	106049	—	

13-5 文献情报系统情报服务情况（2018 年）

Documentation Services Provided by CAS Documentation and Information System: 2018

	文献流通（册·次）Documents circulated (volume • time)	馆际互借（册·次）Inter-library loans (volume • time)	全文传递（篇）Document delivery (article)	全文库下载量（篇）Full-text downloads (article)	网络服务（点击次数）Services of a network (time)	国际交换（册）International document exchange (volume)	文献复制（页）Document reproduction (page)	到所培训/读者培训（次）On-site /User Training (time)
总计 Total	**213182**	**5614**	**149618**	**52672618**	**17933375**	**1419**	**1850813**	**899**
其中：文献情报中心和地区中心 Of which: Collected by NSL and 2 Branches	43023	2761	99917	52672618	11669438	—	1093270	612

注：全文下载量为集团采购电子资源的全文下载量。

Note: Full-text downloads refer to downloads of group purchasing e-resources.

13-6 文献情报系统情报加工与服务情况（2018 年）

Information Processing and Services Provided by CAS Documentation and Information System: 2018

	情报服务 Information services			二次文献加工 Secondary information processing		情报调研报告（篇）Information analysis reports (article)
	专题咨询（次）Special subject consultation (time)	文献检索（条）Documentation retrieval (item)	科技查新（项）Novelty-searching (item)	文摘（条）Abstract (item)	数据库数据加工（条）Data processing (item)	
总计 Total	**34702**	**254233**	**9466**	**6218115**	**73567206**	**571**
其中：文献情报中心和地区中心 Of which: Collected by NSL and 2 Branches	11596	2735	4212	6189889	72458022	307

13-7 图书
Classification of

年份 Year	合计 Total		科学出版社 Science Press		
	初版（种） First edition (title)	重版（种） Republication (title)	初版书 First edition		
			种 (title)	万字 (ten thousand Chinese characters)	万册 (ten thousand volumes)
总计 Total	**77416**	**126600**	**73142**	**2874641**	**46765**
1950～1954	238		238	3157	106
1955～1965	3301	1557	3301	71427	1396
1966～1970	172	126	172	4834	188
1971～1977	892	177	892	21508	3981
1978～1985	3140	748	3140	89744	5867
1986～1990	2707	479	2480	76280	1758
1991～1995	2925	881	2439	90186	2270
1996～2000	4582	3809	4088	183618	4099
2001	1335	1549	1215	56990	948
2002	1519	1827	1377	59359	1711
2003	2149	2605	1982	75112	2056
2004	2982	3175	2877	111849	2589
2005	2602	3678	2500	99628	1517
2006	2490	3295	2344	97995	1596
2007	2559	3895	2447	111446	1331
2008	3183	3486	3015	132087	1469
2009	3553	5174	3383	165253	1598
2010	3533	5927	3402	159585	1759
2011	3937	6667	3786	153117	1840
2012	3696	6122	3492	135138	2082
2013	3455	7441	3247	128451	1302
2014	4006	10869	3750	145240	1160
2015	4164	10694	3941	178176	1116
2016	4881	12898	4666	173997	1099
2017	4866	13939	4623	181599	1098
2018	4549	15582	4345	168865	829

出版情况
Books Published

		中国科学技术大学出版社 University of Science and Technology of China Press				
重版书 Republication		初版书 First edition			重版书 Republication	
种 (title)	万册 (ten thousand volumes)	种 (title)	万字 (ten thousand Chinese characters)	万册 (ten thousand volumes)	种 (title)	万册 (ten thousand volumes)
123571	**112743**	**4274**	**165577**	**2747**	**3029**	**1840**
1557	452					
126	26					
177	1547					
748	2483					
436	365	227	7130	256	43	78
631	990	486	16315	886	250	321
3605	5141	494	20644	306	204	205
1471	2787	120	4804	50	78	35
1755	3910	142	5434	75	72	36
2546	4663	167	6869	88	59	39
3124	4844	105	4460	48	51	23
3614	4198	102	4401	79	64	38
3213	4252	146	5700	66	82	33
3785	4333	112	4742	41	110	44
3390	4478	168	6551	63	96	41
5018	5635	170	7464	230	156	74
5798	5878	131	5141	40	129	70
6488	6739	151	5703	53	179	115
5960	6099	204	7467	62	162	91
7261	6440	208	8032	77	180	55
10686	6960	256	10154	75	183	62
10531	6996	223	8786	60	163	94
12733	6376	215	7681	74	165	140
13662	7724	243	11219	66	277	103
15256	9427	204	6880	52	326	143

13-8 图书出版情况（2018 年）
Classification of Books Published: 2018

单位：种　　（title）

学科及书类 Field and type	合计 Subtotal	科学出版社 Science Press	中国科学技术大学出版社 University of Science and Technology of China Press
总计 Total	**20131**	**19601**	**530**
一、按学科分 By field			
数学、力学 Mathematics & mechanics	**1787**	**1723**	**64**
物理 Physics	**706**	**651**	**55**
化学 Chemistry	**628**	**610**	**18**
天文学 Astronomy	**32**	**30**	**2**
地学 Earth sciences	**804**	**801**	**3**
生物学 Biological sciences	**1387**	**1368**	**19**
技术科学 Technological sciences	**4103**	**4010**	**93**
综合类 Comprehensive	**10684**	**10408**	**276**
二、按书类分 By type			
专著 Monographs	**7648**	**7590**	**58**
基础理论 Basic theory	**1024**	**782**	**242**
论文集 Collected works	**270**	**265**	**5**
应用技术 Applied technology	**463**	**405**	**58**
基本资料 Basic information	**595**	**592**	**3**
工具书 Reference books	**116**	**105**	**11**
科普 Popular science	**511**	**443**	**68**
综述评论 Reviews	**145**	**143**	**2**
其他 Others	**9359**	**9276**	**83**

13-9 自然科学期刊分类情况（2018 年）

Classification of Periodicals in Natural Sciences: 2018

单位：种 （title）

	总计 Total	学术 Academic journals	技术 Technological journals	检索 Retrieval journals	科普 Popular science journals	指导 Instructional journals
一、期刊总数 Total number of periodicals	**360**	**298**	**25**	**1**	**25**	**11**
二、刊期 Frequency						
周刊 Weekly	**1**				**1**	
旬刊 Three issues per month	**1**	**1**				
半月刊 Semimonthly	**10**	**5**			**4**	**1**
月刊 Monthly	**141**	**110**	**11**	**1**	**14**	**5**
双月刊 Bimonthly	**139**	**122**	**12**		**3**	**2**
季刊 Quarterly	**63**	**55**	**2**		**3**	**3**
半年刊 Semiannually	**4**	**4**				
1 年刊 Annually	**1**	**1**				
三、学科 Field						
综合 Comprehensive	**35**	**20**			**6**	**9**
数学 Mathematics	**17**	**16**	**1**			
力学 Mechanics	**9**	**9**				
物理学 Physics	**34**	**29**	**4**		**1**	
化学 Chemistry	**27**	**26**	**1**			

续表 13-9

	总计 Total	学术 Academic journals	技术 Technological journals	检索 Retrieval journals	科普 Popular science journals	指导 Instructional journals
天文学 Astronomy	**9**	**7**	**1**		**1**	
地学 Earth sciences	**59**	**54**			**5**	
生物学 Biological sciences	**58**	**52**		**1**	**5**	
农学 Agriculture sciences	**6**	**5**	**1**			
环境科学 Environmental sciences	**20**	**19**	**1**			
技术科学 Technological sciences	**67**	**48**	**14**		**5**	
其他 Others	**19**	**13**	**2**		**2**	**2**

注：其中英文版期刊 100 种。
Note: There are 100 journals published in English.

(G-4226.01)
ISBN 978-7-03-062651-6
9 787030 626516 >